養胎瘦孕

小case!

要美要瘦都可以，十年後你會感謝現在的自己！

蔡仁妤 中醫師 著

運用中醫優勢，
照護孕媽咪的全面需求

很開心蔡仁妤醫師替大家整理與分享了這一本，女性從懷孕到產後保養的中醫書籍，也很榮幸能在第一時間就先拜讀，獲益匪淺。雖然大多數的觀念認為，中醫看診是不分科的，但是在針對女性調理方面，我覺得男醫師與女醫師切入的觀點，差異就會很大，且男生沒有親身經歷產前產後的過程，許多細微的聲音，還是女醫師比較能心領神會。

本書一開始便指導孕媽咪，從產前到產後，要如何控制體重。首先計算自己的 BMI，然後在三個孕期當中，訂出身體需要的熱量目標，來控制產前的體重，建立起屬於自己的飲食計畫。在產後，再根據有無泌乳的需求，計算身體必要的熱量和食物，繼續持之以恆地控制體重。還要記得，以一肉二菜三澱粉的順序來吃飯哦！記不清楚沒關係，書內有更詳細的介紹與說明。感覺把這些都學會了，自己就能開個坐月子中心了（無誤）。

再來，就是利用中醫的知識和優勢，讓媽咪在產後還可以維持以往的

年輕，不要有皺紋。書中整理出一個核心重點，即是照顧好自己的脾肝腎，還做了一個很有趣的量表讓大家記錄；另外，還有蔡醫師獨家的好孕動——搭配適度的運動，可以讓肌肉協調，生產順利，不要有太多的異常出血或者會陰部撕裂傷的狀況。這些經驗，相信會提供給許多新手媽媽不少有趣又踏實的新觀念。

因為作者過去有生化背景的關係，因此用更貼近讀者的寫法，來幫助大家整理許多食療上應該注意的地方。例如要使用哪些油類，才能裨益自己攝取營養；選擇什麼樣的糖，才不會讓自己代謝變差，增加血糖升高的風險；注意紅豆的栽植過程中，可能有落葉劑，要慎選有機的來購買等等。此外還不時提醒，果糖、蔗糖或人工添加糖類，對人體與孕婦帶來的影響，哪些高 GI 的水果必須小心⋯⋯林林總總，充分顯示出她的細心與關心。

配合內容，還附上色香味俱全的料理食譜，為大家準備了從產前到產後可能會用到的食療方，如排惡露或增進乳汁的藥膳湯品等，從坐月子初期到結束皆有眾多選擇可以嘗試，看著精美的圖片連我都肚子餓了，有沒有很期待呢？

希望各位讀者都可以和我一樣，透過一本好書學習到對自己有益的概念，在未來遇到問題時，能有遵循的方向一次就上手。

高堯楷
神隱中醫／暢銷書《養氣》作者

從懷孕到生產，
讓我做你的神隊友！

💜 別忘了自己才是最需要被照顧

「我現在懷孕 36 周，已經重了 15 公斤，每天都覺得好累、心情低落、
口乾舌燥又頻尿、沒辦法入睡，好想趕快把小孩生完，請問中藥可以讓我
睡得比較好並且順利生產嗎？我要怎麼樣才能讓自己不再變胖？」

去年的某天深夜，一個訊息從我的手機跳出來，是一位患者傳給我的
心境寫照。

　　我的門診中，有許多來調理婦科、準備懷孕的女性朋友，我們之間的關係，有如朋友一般。很多女生在順利懷孕後，還是會繼續到門診來做孕期月子的調養，若住得比較遠，便以傳訊息的方式，與我分享討論她們身體的變化、生活中的點滴。

　　然而，在互動的過程中我發現，對大部分的女生而言，懷孕生產育兒的過程，雖充滿了喜悅、滿足、期待，也伴隨著許多不安與害怕。

　　孕育新生命不是一件很值得開心的事嗎？不安與害怕從何而來呢？

　　「懷孕生產」是一個女孩蛻變成母親的歷程，我常常覺得這個時期像是披荊斬棘的打怪過程，女孩順利懷孕後，迎面而來的是全然未知的身體變化，有的女生孕吐到住院；有的女生面對失去掌控的身體、直直上升的體重感到驚慌無助；更有些女生，面對身邊龐雜的資訊，不知道什麼是對

什麼是錯：懷孕時可以吃中藥嗎？該吃什麼比較好？可以運動嗎？面對孕期的各種症狀該怎麼辦？

　　而產後，身體氣血都還沒復原，眾多挑戰更是雜沓而來：哺乳追奶、照顧寶寶、情緒變化、坐月子時的各種規範、體態變化造成的心情低落，都讓媽媽們被壓得喘不過氣來，身心俱疲，沒了自我，忘了自己才是最需要被照顧、被愛的那個角色。

♥ 坐好月子，要美要瘦小 case ！

　　於是我想，有沒有什麼方法，能夠讓我以一個母親、一個朋友、一個中醫師、甚至是一個產後憂鬱患者的角色，陪伴在這些媽媽的身邊，為媽

媽提供孕期基礎知識及自我照護的方法，讓媽媽在孕期、產後最無助不安的時候，面對身心的變化，有個安穩的依靠。

在本書中，我希望以深入淺出的方式，讓讀者了解從懷孕到產後，女生身體的變化，中醫對於這些變化的詮釋及因應辦法，尤其是許多女生最在意的體重變化：在懷孕期間應該增加多少體重？孕期跟月子要怎麼吃？怎麼調理才能夠養胎不養胖？

而其他，像是孕期怎麼做運動？中醫胎教是什麼？孕期中藥怎麼吃？中醫對於哺乳有何幫助？以及坐月子迷思等眾多患者常有的疑問，在書中都一一用親身經歷及臨床經驗與大家分享。

其實，我跟大家一樣，都是懷孕後才開始體會這些身心變化的。記得以前學生時代，看著古籍寫著那些孕產後的調理，覺得離自己好像很遠。懷孕後，才發現古籍中所說的臟腑、氣血的變化，都是真真切切地反應在自己跟腹中的寶寶身上，也才開始認真的看待懷孕及產後調理這件事。

謹以此書向天下的母親致敬，這是一個最疲憊也最美好的角色，肩負著最沉重也最甘之如飴的負擔，願此書可以陪伴大家，走過這個神奇的旅程。

目次
CONTENTS

{ 養胎篇 }

Chapter

01

孕媽咪必知的養孕教室

「養孕」是維持自己和寶寶的最好狀態

Chapter

— 02 —

坐好月子，要美要瘦都可以

不坐月子，你會老得快！

Chapter

— 03 —

中醫師的月子調理方

Chapter

04

坐月子常見問題及迷思大解密

坐月子可以更人性

Chapter

05

產後這樣做，身材一樣撩人

· 養胎篇 ·

Chapter

— 01 —

孕媽咪必知的
養孕教室

「養孕」是
維持自己和寶寶的
最好狀態。

恭喜爸爸媽媽，現在寶寶已經在媽媽的子宮中慢慢長大囉！孕育一個新生命，是件很神奇的事，也是專屬於孕媽咪的特別體驗，其中有驚喜、有歡笑，也可能有種種不適。對於生過兩胎的我來說，兩次懷孕，都是全新不同的心路歷程，也有不一樣的感動和淚水，這些，都留待爸爸媽媽們細細去體會箇中滋味。

　　懷孕後，媽媽和寶寶就成為生命共同體，媽媽幾點起床睡覺、吃了什麼、喝了什麼、心情怎麼樣，都是和寶寶共享的；另一方面，寶寶的心情跟活動力，在他越來越大之後，媽媽也可以感受得到。

　　所以，在養孕的過程中，我們不只要**確保寶寶獲得足夠的營養，健康平安的長大，同時也要積極緩解媽媽在孕期發生的各種不適**。有句話是這麼說的，「媽媽好，寶寶才會好；媽媽開心，寶寶才會開心」。**在孕期、產後能夠維持自己與寶寶的最佳狀態，就是我們養孕的最終目標。**

　　現在，這個神奇的旅程即將開始，為了完美這趟特別之旅，我們需要做一些行前的準備工作，讓寶寶跟媽媽都能夠在最舒適、健康、快樂的狀態下，體驗旅程中的美好風景。

01

中醫看懷孕，
臟腑氣血陰陽大解密

一個朋友曾經跟我抱怨，生完小孩之後，魚尾紋、法令紋都跑出來了，體力變得很差，樓梯沒爬幾步就開始喘，懷孕生小孩真的這麼容易讓人老化嗎？到底是哪裡出了問題呢？

坊間流傳一個說法，「生一個小孩老十歲」。懷孕時，媽媽將肝、腎、脾的能量供應給寶寶，而腹中逐漸長大的胎兒，也會對母體造成負擔，如果媽媽沒有好好的照顧自己，的確有可能造成自身氣、血、能量的損耗，導致身體狀況不佳。

如果媽媽們在懷孕初期，甚至懷孕前，可以對孕期身體所產生的變化，有一定的了解，不但能更細微的覺察懷孕時的各種症狀，及早做因應調養，若有任何不適，也能夠知道什麼時候該找醫師做諮詢、治療。

❤ 孕前、孕後都要注意肝、脾、腎的健康狀況

懷孕後，媽媽體內變化最大的是肝、腎、脾三個臟腑。

當精子與卵子結合成受精卵後，媽媽的**腎氣**逐漸變得旺盛，**體內的雌激素、黃體素大量分泌，以供給寶寶先天的能量。**

同一時間，肝經的血脈也開始充盈，**將血液提供給子宮及寶寶，使子宮內膜增厚、胎盤供血充足。而脾，則是負責將媽媽消化吸收的養分，轉化成水穀精微，源源不斷支持生長發育中的寶寶。**

孕後產生的許多症狀，基本上都與肝、腎、脾這三個臟腑有關係。有些媽媽在孕前，就有上述臟腑功能不足的現象，在懷孕、坐月子時，則需要特別注意保養調理，以避免相關症狀加重或留下病根。

不過，也因為懷孕、生產，讓體內氣血活動暢旺，以中醫來說，其實是一個調整體質的好時機。有很多媽媽告訴我，孕前容易發生的毛病，如經痛、手腳冰冷、鼻過敏、不時感冒⋯⋯在經過好好養胎、坐好月子之後，都已大大的改善了。

所以，我才一再強調，「養胎」不只是照顧好寶寶，也包括讓媽媽體質更健康、更強壯。

腎、肝、脾
功能檢測表

媽媽們可以利用下方的檢測表，來評量自己是否有腎、肝、脾虧虛的狀況，若結果顯示有「中度」或「重度」不足的情形，在孕期及月子期，就需要特別注意保養及調理。

♥ 腎功能評量

症狀	是	否
孕前月經量少		
容易腰痠，且痠的位置模糊無法定位		
膝蓋痠軟		
容易喘或是講話上氣不接下氣		
頭髮乾枯無光澤、白髮多或容易掉髮		
聽力較弱		
頻尿		
漏尿		
怕冷		
面色蒼白		
容易疲倦		
皮膚粗糙、乾燥		
健忘		

● 2～4個「是」：腎功能輕度不足；5～7個「是」：
腎功能中度不足；8個「是」以上：腎功能較嚴重虧虛　　　　我有 ＿＿＿＿ 個「是」

❤ 肝功能評量

症狀	是	否
孕前月經量少		
月經來潮前會頭痛		
月經來潮前會胸部脹		
容易生氣、憂鬱、焦慮		
容易緊張		
眼睛乾澀或模糊		
胃食道逆流、胃痛		
胸悶		
冬天四肢冰冷（但身體軀幹不怕冷）		
容易抽筋		
嘴巴容易有乾乾苦苦的味道		
睡覺多夢易驚醒		

● 2～4 個「是」：肝功能輕度不足；5～7 個「是」：
　肝功能中度不足；8 個「是」以上：肝功能較嚴重虧虛　　　　我有 _____ 個「是」

❤ 脾功能評量

症狀	是	否
容易腹瀉		
腹脹、脹氣		
食慾不好		
容易水腫		
白帶色白且多呈水狀		
舌頭比較胖大、舌頭邊緣有齒痕		
月經出血量大但顏色較淡紅		
肌肉摸起來軟軟的		
早上起來眼皮、眼袋容易腫		

● 1～3 個「是」：脾功能輕度不足；4～6 個「是」：
　脾功能中度不足；7 個「是」以上：脾功能較嚴重虧虛　　　　我有 _____ 個「是」

02

養媽媽、養寶寶，
就是不養胖

養胎不養肉的法則，
我以身體力行來親身實證。

　　臨床上我看過很多因為孕期體重增加過頭，而導致的辛苦歷程。孕媽媽體重過重，除了容易產生併發症，生產的風險也會大大提高。

　　孕產期是女生體質轉變及調養的重要期間，如果體重增加太多，比較容易轉變成**易胖**或是**易水腫**的體質，日後再調養就要花上較多的時間與精力。

♥ 懷孕為什麼容易變胖？

　　一切都是演化惹的禍。

　　古代生活條件惡劣，食物取得不易，為了讓後代順利繁衍生存，懷孕後，女性會加速囤積脂肪；這些脂肪堆積在腹部以保護腹中胎兒，聚集於

臀部、大腿、手臂，儲存生產及產後照顧寶寶、哺乳的能量。

　　而由於勞動環境嚴苛、營養供給不足，這些能量會在懷孕時及產後快速消耗，所以古代婦女比較少有體重過重的問題。

　　在今日，我們生活的環境並不像古時候那麼艱難，大部分的媽媽不需要那麼多的脂肪，但是遺傳下來的基因，仍使得婦女在懷孕時拚命囤積脂肪。也因為如此，現代的媽媽得花比較多的精力和時間做體重控制。

♥ 為了自己和寶寶好，體重控制很重要

　　孕期體重控制對媽媽及寶寶的健康非常重要。過重的體重不但增加**妊娠糖尿病、妊娠高血壓**的風險，也會提高生產的困難度。脂肪過度堆積，容易形成**脾虛有濕**的體質，之後衍生出來的一連串症狀，在產後也要花上許多時間調理。

♥ 體重控制會餓到寶寶嗎？

　　需要注意的一點是，**「體重控制」並非減重**。

　　減重方法很多，在一般的定義來講，是減少熱量攝取，使其低於身體的基礎代謝，來達到降低體重的效果。而「體重控制」，則是藉由**飲食調整、體質調理**來讓孕期的體重不要超出標準，兩種是完全不一樣的。

孕期增加的體重，只有不到一半的重量是來自寶寶、胎盤和羊水（共約 5 公斤），其餘的都在媽媽身上（包括脂肪囤積、乳房變大、血液及細胞外液量增加）。**只要平常均衡飲食、產檢時寶寶發育皆正常，是不需要擔心會餓到寶寶的。**

♥ 孕期不要胖超過 12 公斤就好？

網路曾經流傳一篇文章，內容是說，日本醫師建議孕婦在十個月的孕期，不要增加超過 12 公斤的體重。

這個日本婦產科醫師的說法，相信很多人都有聽過，不過，真的是如此嗎？兩個同樣身高的媽媽，一個孕前 45 公斤，一個孕前 80 公斤，兩人在孕期應該要增加的體重，絕對是不一樣的。

根據我的經驗，很多媽媽體重會增加過「多」或過「快」，是因為不了解什麼是體重控制：一方面不知道孕期應該增加多少體重，另一方面不明白從懷孕一開始就應該做體重控制。所以，很多媽媽在懷孕六、七個月的時候，才驚覺自己「多出來」的體重，已經超過整個孕期的上限，此時要再來控制，是很辛苦的。

在孕前、或是一懷孕，就應該要了解可能會有的體質和體重變化，並事先做好飲食規劃，才能防患於未然！

03

了解自己孕期應
增加的體重

孕期控制好體重，才不用擔心過胖的問題。

♥ 擬定孕期「健康體態」控制計畫

1.「懷胎十月」增重多少才合理？

　　孕期增加的體重，依照孕前身體質量指數（BMI）不同，每個人的情況也不一樣。媽媽們可以參考國健署建議增加的體重之低標，來作為努力的方向，也就是 BMI < 18.5 的人，目標增加體重為 12.5 公斤；BMI 介於 18.5 ～ 24.9 的媽媽，目標增加體重為 11.5 公斤；而 BMI 25.0 ～ 29.9 的媽媽為 7 公斤；BMI ≧ 30.0 的媽媽，則目標為 5 公斤。

醫師小叮嚀

　　建議媽媽可用紅筆，把屬於自己的 BMI，及每個孕期建議增加體重、平均每周增加體重圈起來，並以此為目標來控制體重。

	孕前身體質量指數（BMI）	整個孕期建議增加體重（公斤）	十二周後每周應增加體重（公斤／周）	第一孕期增加體重（公斤）	第二孕期增加體重（公斤）	第三孕期增加體重（公斤）
A	＜ 18.5	12.5 ～ 18	0.5 ～ 0.6	0 ～ 2	3 ～ 6	5 ～ 7
B	18.5 ～ 24.9	11.5 ～ 16	0.4 ～ 0.5	0 ～ 1.5	2 ～ 5	3 ～ 6
C	25.0 ～ 29.9	7 ～ 11.5	0.2 ～ 0.3	1 以內	2 ～ 4	3 ～ 4
D	≧ 30.0	5 ～ 9	0.2 ～ 0.3	0.5 以內	1 ～ 3	2 ～ 4
E	雙胞胎	總重 15.9 ～ 20.4	0.7			
F	三胞胎	總重 22.7				

資料來源：孕婦健康手冊

2. 「每一孕期」增加的體重

懷孕後，體重會逐步上升，控制體重的第一步，我們需要了解每一孕期應該增加的體重及其上限。

Ⓐ 孕前 BMI 小於 18.5 的媽媽

第一孕期 ▶ 建議增加體重為 2 公斤以內

第二孕期 ▶ 建議增加體重為 3 ～ 6 公斤

（第二孕期之後平均每周增加 0.5 ～ 0.6 公斤）

第三孕期 ▶ 建議增加體重為 5 ～ 7 公斤

Ⓑ 孕前 BMI 介於 18.5 ～ 24.9 的媽媽

第一孕期 ▶ 建議增加體重為 1.5 公斤以內

第二孕期 ▶ 建議增加體重為 2 ～ 5 公斤

　　　　　（第二孕期之後平均每周增加 0.4 ～ 0.5 公斤）

第三孕期 ▶ 建議增加體重為 3 ～ 6 公斤

Ⓒ 孕前 BMI 介於 25.0 ～ 29.9 的媽媽

第一孕期 ▶ 建議增加體重為 1 公斤以內

第二孕期 ▶ 建議增加體重為 2 ～ 4 公斤

　　　　　（第二孕期之後平均每周增加 0.2 ～ 0.3 公斤）

第三孕期 ▶ 建議增加體重為 3 ～ 4 公斤

Ⓓ 孕前 BMI 大於等於 30 的媽媽

第一孕期 ▶ 建議增加體重為 0.5 公斤以內

第二孕期 ▶ 建議增加體重為 1 ～ 3 公斤

　　　　　（第二孕期之後平均每周增加 0.2 ～ 0.3 公斤）

第三孕期 ▶ 建議增加體重為 2 ～ 4 公斤

3. 每天早晨記錄體重

如果三不五時這麼想：下個月再開始記錄體重吧！或是下個月再開始控

制飲食吧！通常就永遠無法邁出第一步！所以，請現在拿出紙筆準備開工。

　　每天早上醒來、排完小便後，要量體重做記錄，因為已空腹八小時，排除了飲食及水分對體重的影響，所以這個時候的數字最準確。

　　如果「連續兩個星期」體重增加超過上述範圍，便要積極做飲食及活動量的調整。

範例

　　仁妤醫師懷孕前的 BMI 值為 19，是屬於「B. 孕前 BMI 值介於 18.5~24.5 的媽媽」，整個孕期建議增加的公斤數為 11.5~16 公斤，以控制在 11.5 公斤為目標。因此，在第一孕期增加的體重以不超過 1.5 公斤為原則；第二孕期之後，
則每周增加的體重以 0.4~0.5 公斤為目標。如果連續兩周增加體重超過 0.5 公斤，則需要檢視自己的飲食，是否需要做調整。

04

養胎不養肉的
10 大飲食祕訣

「蔡醫師，之前人家說生酮飲食可以瘦很快，

我吃了兩個月後發現懷孕了，還可以再繼續吃嗎？」

　　體重控制的方法有很多，像是生酮飲食、阿金飲食、高蛋白飲食，種類多到十隻手指數不完。撇開效果不談，對於肚子裡正值生長發育重要時期的小寶寶，「飲食均衡」是最重要的，**而這些飲食控制法都是設計給「健康」「未懷孕」的「成人」，並不適合孕期的媽媽實行。**

　　養胎不養肉，我們要吃得健康、均衡，並且吃得飽。

♥ 祕訣 ❶ 原型食物法則：優先選擇吃飯而不是麵

　　看診時，常常會問患者的飲食習慣，如果他們喜歡吃麵，我都會說：為了身體健康，可以的話就儘量吃飯吧！

為什麼呢？我們從食物的原始狀態談起。

看得出食物最原始的樣子，稱作原型食物，比如說蝦仁炒飯，雖然經過烹調，但我們仍然可以見到米飯、蝦仁、蛋的樣子，其他如：炒青菜、滷雞腿，也並未改變它們的模樣，這些都算是原型食物。

● 非原型食物增加升糖指數，容易囤積脂肪

以麵條來說，小麥磨成粉再製成麵條，食用後會比較容易被腸胃吸收，升糖指數當然增加，血糖也飆升快，脂肪迅速累積是必然的。此外，「麥」類製品，是屬於濕氣較重的食物，包括大麥、小麥、燕麥做成的製品，如：麵包、麵條、麥片，吃了之後容易使身體的痰濕增加，代謝變慢。

NG！

● 非原型食物往往有過多的糖、鹽及人工添加物

看過熱狗、洋芋片、糖果的成分表嗎？一長串的化學成分，讓人分不清楚到底在吃什麼東西。就拿大家愛吃的肉鬆為例，雖然是豬肉製成，但是糖分、鹽分、人工添加物都很多，容易造成水腫及上火的症狀，對寶寶更是有弊無利，孕期時應儘量避免。

NG！

● 原型食物通常含膳食纖維較多、飽足感夠

　　相同熱量的原型和非原型食物相比，前者通常**體積較大、含的纖維質較多，飽足感夠**，不易感覺饑餓。

OK！

　　懷孕後最應該重視的是營養均衡。天然原型食物所含的優良蛋白質、澱粉，和各種維生素、礦物質，都是**寶寶重要的營養來源**。

　　非原型食物通常是為了追求味道好、口感佳而製作，調味料、添加物很多，但是營養價值卻不高。

OK！

💙 祕訣 ❷ 甜食一定要控制！

　　懷孕過的媽媽，想到妊娠糖尿病測試，喝的那杯甜膩膩糖水，一定都還心有餘悸吧？不管檢測結果如何，現代科學已經證實，糖分對於人體有百害無一利，除了讓媽媽容易發胖，食用過多也對寶寶有不好的影響。

　　所謂的「糖」，包括天然的糖分（如水果所含有的果糖、蔗糖）及食品中的添加糖。糖分比起其他的碳水化合物，較容易被腸道吸收，而進入血液中的糖（血糖），會刺激胰島素大量分泌，胰島素會使身體把養分儲存起來，並抑制脂肪分解。如果常常食用含糖食品或飲料，讓胰島素在體內長期處於高濃度狀態，就容易在人體各處堆積脂肪。

● 孕期每日攝取的添加糖類，應限制在 20 克以內

　　不管是天然糖分或是添加糖，在食入後都會讓血糖升高，但是因為天然食物中，有較多的纖維及蛋白質，可以延緩血糖上升的速度，所以國健署對於孕婦糖分的攝取，主要針對「添加糖」而言。

　　懷孕期間，媽媽每日攝取的「添加糖類」，應限制在 20 克以內（添加糖是指在製備食物、飲料時額外添加的糖，包括黑糖、蔗糖、糖霜、葡萄糖、砂糖、白糖、玉米糖漿、蜂蜜、楓糖漿等，不包括牛奶的乳糖及水果的糖類）。

● 孕期吃太多糖，媽媽寶寶都受害

　　研究顯示，孕期吃下過多的糖，寶寶日後過敏的機率比較高，學習、認知發展也會受到限制。而在一部分媽媽的身上，孕期的荷爾蒙變化，會使身體的細胞較容易發生「胰島素阻抗」，也就是這個胰島素肥胖銀行的守門人，因為孕期荷爾蒙的影響，拒絕讓血糖進到細胞內儲存，這樣一來，媽媽的血糖會升高，而罹患妊娠糖尿病。

　　有妊娠糖尿病的媽媽，除了早產及流產的機率增加，也會因高血糖使免疫力下降，較容易受到感染；患有妊娠高血壓的比例，也比一般孕婦高三倍。因為體內有過多血糖供應，寶寶容易體重過重，生產不易；也可能增加中樞神經受損及先天性心臟疾病的機率。

　　妊娠糖尿病的高危險群：「高齡產婦」、「糖尿病家族史」、「妊娠糖尿」或「多囊性卵巢病史」、「孕前體重過重（BMI>26）」、「產檢胎兒過大、

羊水過多」的媽媽，更需要嚴格控制糖分的攝取，以避免危害到寶寶跟自身的健康。

● 糖有成癮性，難戒易上癮

　　在廣告中，我們常常看到演員吃了一口甜食，然後面露幸福的微笑。事實上，吃糖真的會讓人感到幸福。糖分會使腦內的快樂荷爾蒙分泌，產生心情愉悅的感覺。

　　但這種愉悅感有成癮作用。在以外食為主的現今社會中，就算我們完全不吃甜點、不喝飲料，三餐中的醬汁、調味料所含的糖，就足以讓身體上癮。就像長期吸毒一樣，要現代人短期內完全戒掉糖，是一件很困難的事。不小心，還有可能因為戒斷過程太難受而暴食，並吃入更多的糖。所以，**我並不建議孕媽咪在此階段完全戒掉糖分，「漸進式的減少糖分攝取」是比較好的方式。**

醫師小叮嚀

　　胰島素俗稱「肥胖荷爾蒙」。試著將胰島素想像成身體肥胖銀行的守門人，它很喜歡把我們吃下去、吸收到血液中的血糖貯藏起來；少部分會儲存成肝醣（活期存款，讓我們可以隨時取用），大部分則會變成脂肪（定期存款），並抑制脂肪分解（不想要定期存款被領走）。

　　甜食、精緻澱粉，會讓血糖快速上升，刺激胰島素大量分泌，身體的脂肪（定期存款）越存越多，自然容易發胖。

聰明吃糖有方法

★ 方法 1　以天然糖取代人工添加糖

即減少添加糖的攝取。想吃甜食的時候，可以用天然糖取代，比如說：吃半顆蘋果、幾顆番茄，就能減緩想吃甜食的慾望。

不過，必須記住，天然糖（如水果）也是糖分，量的攝取仍需要控制，孕期每日水果量，應限定在一份左右的量為佳（約一個中型蘋果）。

★ 方法 2　一塊蛋糕分三份

甜食讓人有愉悅的感覺，通常是在第一口品嘗的時候。所以，吃一小塊蛋糕的幸福感，其實和吃一大塊是差不多的（但是對健康的影響卻差很多）。嘴饞想吃甜點時，買小一點的蛋糕，先分成三等份，每天吃一份，不但可以滿足心理需求，也不會對身體有太大的負擔。

★ 方法 3　少量而高品質的甜食

如果真的想吃甜食，請選擇高品質、少添加物者。要知道，除了糖以外，添加物也是隱形殺手之一。自家做的起司蛋糕、布丁，比起便利超商賣的，至少會減少多達十多種添加物呢。

★ 方法 4　主餐吃對的食物

很多人會有喝下午茶、吃點心的習慣，是因為主餐吃得不對。要拉長飽足感的時間，蛋白質必須吃得足夠。現代人的飲食習慣，容易吃太多澱粉類的主食，所以常常吃完正餐的當下很飽，沒過多久很快就會有饑餓感。吃午餐或晚餐時，要儘量吃到兩份足量的蛋白質（大概是一隻中型雞腿或是兩顆蛋左右），才不會太快饑腸轆轆。

♥ 祕訣 ❸ 澱粉巧妙吃，不用怕胖

寶寶在腹中成長，澱粉（醣類）是必需的營養成分，絕對不建議利用不吃澱粉的方式控制體重。其實，從它的「量」及「種類」來控制，就可以吃得飽又不容易胖。

● 原則 1：注意孕媽咪每日攝取澱粉量

體型中等的媽媽懷孕前 3 個月，一天建議攝入的澱粉量大約是 2 碗飯；而懷孕中、後期，則為 2.5 碗飯。（此處是指吃進體內所有食物、飲品的澱粉含量，並不是指一天必須要吃到兩碗飯，如果有其他的澱粉來源如麵包、麵食、餅乾，則主食的澱粉量就必須減少。）

● 原則 2：澱粉的選擇：抗性澱粉 > 天然澱粉 > 精緻澱粉

孕期肚子餓想吃點心，紅豆湯和蛋糕，你會選哪一種呢？

紅豆富含天然的「抗性澱粉」：吸收慢、增加飽足感、抑制食慾，加上升糖指數低，跟蛋糕比起來，是一個較好的點心來源。

想避免脂肪堆積，就是要抑制胰島素「快速」或「常常」分泌；若要達到此種效果，就得**選擇比較不好吸收、不會造成血糖快速升高的澱粉**，即是富含「抗性澱粉」的澱粉類食物。

抗性澱粉屬於澱粉的一種，特點是較不容易被腸道中的澱粉酶分解，

因此也不易被身體消化與吸收。

　　最知名的抗性澱粉食品是冬粉，它不會刺激胰島素過度分泌，可避免脂肪囤積，同時，因吸收較慢，也有增加飽足感、抑制食慾的功能。大家都應該聽說過某某藝人要控制體重，所以不吃白飯而改吃冬粉吧！原因正是如此。

澱粉種類	食物
含天然澱粉及較多抗性澱粉	綠豆、黑豆、紅豆、薏仁香蕉、馬鈴薯、糙米
含天然澱粉	白飯、麵食、大部分的水果
含精緻澱粉	餅乾、蛋糕等加工食品

● 「保留」食物的抗性澱粉小撇步

① 加熱時間要短

　　抗性澱粉會隨著食物加熱時間的拉長而減少，所以在料理時，儘量以短時間、適度烹調為佳。

② 保持食物完整性

　　研磨會讓抗性澱粉流失，所以烹調時要盡可能保持食物原型。譬如要煮紅豆湯當點心，最好的方式是將其煮軟，但不要破皮。因為紅豆的完整性被破壞越多，抗性澱粉含量就越少，升糖指數也會越高。如果把它煮成紅豆沙或紅豆泥，就失去其原本富含抗性澱粉及低升糖指數的特性了！

③ 全穀類食物抗性比較高

同樣是米，在抗性方面，糙米飯＞白飯＞粥，因糙米為全穀類，抗性較高，而乾飯的烹調時間比粥短、顆粒較完整，所以乾飯的抗性又大於粥類。

雖然攝取抗性澱粉較不易囤積脂肪，但仍應注意熱量的攝取，不能超過孕媽咪的飲食建議標準，不然還是會發胖的！

❤ 祕訣 ❹ 「油脂」很重要，孕期別只吃水煮餐

門診偶爾會有一些患者，力行「水煮飲食」，吃的東西一律用水煮、去油，肉類只吃瘦肉、雞胸，不加鹽、無調味，青菜也是用燙的方式。這樣的人來看診，通常會被我打回票：「必須要恢復正常飲食，身體才有可能健康。」

體內油脂不足，就和機器沒有上油一樣，很多功能都會「卡住」。

油脂參與我們很多重要的生理機能，如生殖、膽固醇代謝、荷爾蒙合成、視力的維護等。油脂所含的膽固醇，也是細胞膜重要組成原料之一。假使攝取不足，還會阻礙脂溶性維生素吸收，造成營養偏差。

想想看，肚子裡的寶寶正值快速生長的時期，此時細胞分裂迅速，最需要細胞膜原料、各式維生素的補充，如果吃進體內的油脂不夠，勢必會影響發育。

此外，用好油料理蔬菜，才會讓其中的脂溶性維生素與抗氧化物，容易為人體吸收。

● 孕媽咪每日油脂攝取量

　　體型中等的媽媽懷孕前三個月，一日建議攝入的油脂量大約是 3 ～ 4 份（每份 15c.c.）；而懷孕中、後期，則為 5 ～ 6 份。（此處是指吃進體內所有食物、飲品的油脂量，包括炒菜用油及在正餐外攝取的點心、零嘴等的油脂。）

● 挑選油品的原則

　　油脂成分包括「飽和脂肪酸」及「不飽和脂肪酸」，其中不飽和脂肪酸又分成「單元」和「多元」兩種。有的油飽和脂肪酸較多，如：牛油、豬油；有的則是單元不飽和脂肪酸含量豐富，如橄欖油。

　　以橄欖油為例，100 克的橄欖油含有 14 克飽和脂肪酸、73 克單元不飽和脂肪酸和 11 克多元不飽和脂肪酸。

　　每一種脂肪酸都有其特性及營養的重要性，適合的烹調方式也不一樣，而對於孕媽咪而言，多元攝取不同的脂肪酸對寶寶是最好的。所以，我的廚房裡，通常有好幾種油品做替換，以因應不同的料理需求。

　　要多元攝取不同油脂的祕訣是，**每一種油品都買小罐包裝**，用完後，以功能相似的不同油品替換，例如適合高溫烹調的葡萄籽油用完了，我就會買另一種同樣適合高溫烹調的苦茶油來取代，這樣就可以攝取到不同的油脂。

● 儘量選擇低溫烹調

　　一般在料理菜餚時，建議烹調溫度越低越好。因為溫度越高，植物油中的多元不飽和脂肪酸就會變得不穩定，動物油中的膽固醇也容易氧化，對孕媽咪和寶寶而言，影響不容小覷。

　　如果真的要高溫烹調，則必須選擇穩定性高、不易氧化的油品來使用。

烹調方式	涼拌、燉煮、低溫水炒／拌炒	乾煎、爆香	油炸
適合油品	亞麻仁油 芝麻油 冷壓初榨橄欖油	苦茶油 酪梨油 葡萄籽油 花生油 葵花油 芥花油 精煉橄欖油	精煉椰子油 棕櫚油 芥花油

① 涼拌、燉煮、低溫水炒／拌炒

　　多元不飽和脂肪酸的穩定性最低，不適合做高溫烹調，但是它無法在人體內自行合成，又屬於必需脂肪酸，所以要從食物中攝取。我們可以在低溫烹調時，使用富含多元不飽和脂肪酸的油，以確保此類油脂攝取足夠。在拌炒水炒時，我通常會利用**亞麻仁油或是橄欖油**；而涼拌則是會視口味，選擇**芝麻油、初榨橄欖油**或是亞麻仁油。

② 乾煎、爆香

乾煎、爆香的溫度較高，適合使用發煙點較高或是較穩定的油類。

葡萄籽油、苦茶油、酪梨油的發煙點較高，多元不飽和脂肪酸含量較少，很適合做煎炒爆香使用，其他如芥花油、葵花油、花生油也可以輪流替換。

③ 油炸

一般來說，不建議孕媽咪吃油炸的食物，因為油在高溫、長時間或是反覆加熱烹調後，容易氧化或不穩定，會在體內形成對健康不好的物質。

若真的很想吃炸的東西，可以用氣炸鍋，它擁有「少量用油」、「中等溫度」等特殊烹調特性，能烹調出具有高溫油炸口感的食物，一方面滿足想吃炸物的慾望，另一方面也可以為健康把關。

如果真的必須要油炸，則建議使用較耐高溫的精煉椰子油、棕櫚油、芥花油等，穩定度較高。

醫師
小叮嚀

現在很流行用氣炸鍋烹調，雖然氣炸鍋使用中等溫度（約200℃）就能有高溫油炸的口感，但這樣的炸物仍屬於「燥熱」性質，在食用上仍須控制量。

● 反式脂肪只有壞處

反式脂肪其實不應該和一般油脂相提並論，因為它是加工後的產品，對人體只有傷害沒有好處，吃進體內不但會使膽固醇飆升，也會讓自由基增加，影響寶寶健康。臨床上我也發現，吃多了反式脂肪的患者，大多有「濕熱」、「肝火」、「胃火」的狀態產生，容易造成腸胃不佳及睡眠品質不好的現象。

「高溫油炸」、「香脆可口」的食物中，含有最多的反式脂肪（如泡麵、餅乾，各式加入人工奶油的食品），懷孕時，應該避免這類食物吃下肚。

油炸食物雖然好吃，但
有很多反式脂肪，孕婦
必須少吃。

孕媽咪必知！
低溫炒菜烹調法

我常常使用低溫炒菜，因為它可以減少油品加熱時間、降低油溫、預防油脂變質，也能讓食物中的脂溶性維生素好吸收，炒出來的菜更可口，推薦孕媽咪可以在家試試看。

① 熱鍋冷油煎炒：中火熱鍋，待微微冒煙後倒入冷油，之後馬上放進蒜、薑，再放入菜或肉類煎或炒。

② 爆香水炒法：將蒜、薑等食材，加一匙油一起放入鍋中，小火熱鍋爆香，等油微微冒泡泡時，加入適量熱水，轉中大火，再放進蔬菜快速拌炒。

💜 祕訣 ❺ 「一肉、二菜、三澱粉」，每種間隔 7 分鐘

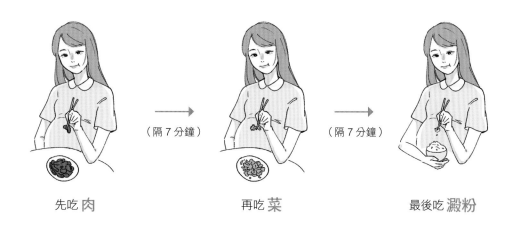

先吃 **肉**　　　　　　（隔 7 分鐘）　　再吃 **菜**　　　　　　（隔 7 分鐘）　　最後吃 **澱粉**

　　肉類主要含蛋白質。先吃肉類，蛋白質在胃腸中被分解吸收後，會「慢慢」讓血糖上升，可以預防血糖升高過快而促進大量胰島素分泌，且能「延長」飽足感，肚子不會一下子又餓了。

　　第二進食順位是蔬菜類，它的熱量少、維生素含量高，富含膳食纖維可以讓飽足感增加，放在第二順位食用，不會因為肚子很餓，而不小心吃進太多澱粉。

　　澱粉類是相對容易消化的食物，因此進餐時如果先選擇澱粉（醣類），血糖會快速升高，但因為我們把它放在最後才吃，前面有蛋白質及蔬菜類打了頭陣，所以血糖不會一下子飆得太快，吃進去的量也不會過多。

♥ 祕訣 ❻ 宵夜不是罪，垃圾食物才是

孕媽咪因為代謝提高，肚子也容易餓，這是正常的生理現象。很多人可能有這種經驗：白天飲食控制得很好，但是半夜想吃東西卻突然不知道該吃什麼，就隨手拿了飲料、餅乾或是外面買鹽酥雞回來吃，結果越吃越餓、越吃越多。

那怎麼辦呢？難道只能餓肚子嗎？其實，只要控制好食物的種類及總熱量，吃宵夜並不罪惡。

我們可以在家裡常備一些方便的食物，肚子餓的時候簡單調理，或隨手就可以拿來吃，不但美味，也不必擔心吃下太多加工食品及熱量。

- ◆ **冷凍類**：事先烹調好分裝冷凍起來的肉品（如雞胸肉、燉牛肉或豬肉、蝦仁、魚、冷凍莓果）。
- ◆ **冷藏類**：蛋、各種青菜、菇類、番茄、豆腐、無糖優格、豆花、莓果、其他低糖分水果。
- ◆ **飲品**：檸檬水、無糖豆漿、牛奶。
- ◆ **常溫食物**：不加糖的果乾、堅果、全麥吐司、冬粉。

醫師 小叮嚀

　　蛋白質在腸胃中被分解吸收，大概要 15 分鐘左右；而蔬菜的膳食纖維，在腸胃中吸水增加飽足感也需要時間。所以建議先吃肉，細嚼慢嚥約 7 分鐘後，再吃菜，間隔 7 分鐘再食用澱粉，這樣子才能夠得到最佳效果。

餓得受不了時這樣吃！

　　我在孕期時，也常常半夜肚子餓到受不了，有時就利用蛋、番茄、蔬菜、菇類煮一碗綜合蔬菜蛋花湯或番茄豆腐湯，或是用微波爐做一個快速蒸蛋（只要 5 分鐘）；想吃肉的時候，我會加熱預先烹調、冷凍好的雞胸肉或燉肉來大快朵頤；想吃甜食的時候，我會以無糖優格加上新鮮水果或莓果或做奇亞籽鮮奶布丁；市場賣的手工豆花，也是我很愛吃的補給品之一。特別想吃澱粉時，則會選擇一片全麥吐司，細嚼慢嚥後其實就很有飽足感！

奇亞籽鮮奶布丁

· 材料 · 牛奶 200 毫升，奇亞籽一大匙。

· 做法 · 將奇亞籽倒入一杯牛奶中充分混合，封上保鮮膜放入冰箱 4 小時以上，拿出來就變成奇亞籽布丁了！

· 祕訣 · 因為沒有加糖，所以我習慣搭配切丁的水果如：藍莓、葡萄、蘋果一起吃，非常美味又低卡哦！

祕訣 ❼ 孕期水分補充有訣竅

我在看診的時候，很習慣會問患者一天喝多少水。喝水這件事，看似簡單，其實很少人做得正確。

對於消化系統（脾）、泌尿生殖系統（腎）機能比較不好的人，水喝得太多，超出身體的負荷，會容易水腫、頻尿，甚至造成負擔，導致**脾腎的功能更差**；而**水喝得太少**，體內會缺乏水分潤澤和推動循環，代謝同樣不見起色。

對懷孕婦女而言，寶寶在體內的生長及代謝也需要水分，所以適度地、正確地喝水就更重要了。

● 一日水分補充量：體重乘以 35 ～ 40 毫升

所謂的一日喝水量，包括了白開水、咖啡、菜湯、飲料等湯湯水水加總起來，所以，如果湯或飲料喝得多，白開水攝取量就要減少，以避免過多水分造成身體負擔。

① 晨起空腹一杯溫水：防止便祕

孕媽咪腸胃蠕動較慢，容易有便祕問

題。晨起空腹喝一杯溫水，可以馬上溫暖腸胃，促進蠕動及排便，並且補充夜晚蒸發流失的水分。

② 飯前 30 分鐘一杯溫開水：啟動消化功能

飯前 30 分鐘喝一杯溫水，可以補充腸胃系統的水分，啟動消化液分泌，以幫助用餐進食時，有足夠的消化液幫助消化。

注意「吃飯時」及「飯後」喝水，會稀釋胃液，容易造成消化不良，如果本來就有胃脹氣、胃食道逆流的孕媽咪應儘量避免。

③ 餐和餐之間：少量多次、小口飲用

手邊隨時準備一瓶水，慢慢、小口飲用，可以增加飽足感，緩解饑餓感。若一次喝入大量的水，一來容易造成孕媽咪脾腎的負擔，二來很快就排出體外，沒有辦法達到補充水分的效果。

④ 睡前一小時避免喝水：維持睡眠品質

隨著孕期漸漸增加，胎兒會壓迫到膀胱，所以媽媽中後期開始會有頻尿的情形，如果睡前喝太多水，晚上容易因為夜尿而影響睡眠品質，隔天也會出現水腫的情形。

● 六等分法則

　　將一日應攝取的水分分成六等份，分別在各個時段攝取一份。

　　假設我在懷孕中期的體重為60公斤，一日應補充水分約為60×35=2100ml，2100ml/6=350ml。所以晨起、午飯前半小時、晚飯前半小時我會各喝一杯350毫升的溫水，而早餐午餐間、午餐晚餐間、晚餐後會再少量多次，各攝取350毫升水分（若會攝取其他水份，如：飲料、湯，要把攝取的量從算出來的總水量扣除，或是將其取代其中一份水）。

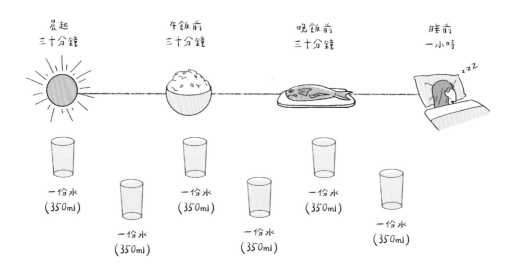

● 喝白開水想吐怎麼辦？

　　在孕期，最好的飲品當然是白開水。然而，因為荷爾蒙變化的關係，常

常有媽媽反應，對於白開水的味道很敏感。如果想要喝點有味道的東西，可以在水中加入檸檬、柳橙等天然水果來增添風味，也可以請中醫師依照當下的體質，調配適合的中藥茶飲，不但低熱量，也順便調整孕期的不適症狀。

♥ 祕訣 ⑧ 外食族孕媽咪的營養學

現在的人生活忙碌，餐餐自己料理幾乎是不可能的事（如果都能自煮或帶便當當然是最好的）；既然外食已無法避免，對孕媽咪來說，怎麼吃得健康、營養均衡，是很重要的課題。

● 選擇簡單烹調的食物：清蒸、烘烤、涼拌

清蒸魚、水煮肉、白斬雞、涼拌雞絲、烤蔬菜等醬料少、不過分烹調的食物，是優質的選擇。

● 炸物去皮

雖然炸物要儘量少吃，但外食時難免會碰到炸雞腿、炸排骨等主菜。外面餐廳用的油通常經過重複使用，姑且不問是否為好油，在高溫、多次烹調下，油品的品質必定不穩定，容易產生不好的物質。所以在不得已之下需食用炸物，建議去皮或去麵衣，這樣可以減少攝取有變質疑慮的油脂。

● 少吃油分、醬料、勾芡多的食物

糖醋排骨、鳳梨蝦球、京醬肉絲……是不是每一道看起來都很下飯又好吃，想到口水都要流出來了？

這類菜餚，通常含有非常多的油分、醬料、糖及勾芡，又經過多次處理，既炒又炸。拿糖醋排骨來說吧，料理方式是排骨先裹粉油炸，再用糖及醬料勾芡，每 100 克大約就有 500 大卡的熱量，更別說吃進去有多少不健康的調味料和可能有問題的油了。

不過，聚餐時要將這麼美味可口的食物拒之於千里之外，很折磨人對不對？所以說「少吃」而非「完全不吃」，真的想吃的話，淺嘗一、兩塊滿足口慾，也就夠了。

● 小心蛋白質、蔬菜類攝取不足

你是不是也常常到麵店，點一碗牛肉麵或陽春麵解決一餐？這樣的飲食習慣，會造成蛋白質及蔬菜類攝取不足，在孕期時，很容易營養不均衡。

建議懷孕的媽媽，每餐都要注意自己所攝取的營養是否均衡，如果發現常常有偏食的狀況，則要調整自身的飲食習慣。

孕期一個人用餐時，我通常會選擇自助餐，因為菜色多，較能吃到各類營養素。而在小吃店，點一碗滷肉飯（不淋湯汁）再加燙青菜、滷蛋，也是我很喜歡的吃法。

● 一餐吃得不營養，請用另一餐補足

　　如果午餐是外食，請儘量在晚餐攝取足夠的營養。假使我中午吃了一碗陽春麵當午餐，那晚上就會以少量的飯，搭配較多的肉類、豆類及蔬菜（還是要記得一肉二菜三澱粉的飲食順序原則哦！），來調整中午的飲食偏差。

　　反過來說，倘若知道晚上要吃大餐，我則會減少中餐的量及種類。

♥ 祕訣 ❾　水果不是身體的必需品

　　記得有位來調理助孕的患者，自結婚後，努力兩年都沒有懷孕，檢查子宮、卵巢、荷爾蒙一切都正常，不過基礎體溫一直偏低，高溫期的天數也不夠。

　　詢問病史才發現，她多年來一直有早上起床喝一杯現打冰果汁的習慣，認為這樣健康又能促進排便。我請她改掉這個習慣，換成吃兩顆蛋當早餐，再加上調理，兩個多月後，基礎體溫曲線就變得很漂亮，接下來，也順利懷孕了。我再次叮嚀她，懷孕後也不可以在早上喝冰果汁了！

　　空腹喝現打冰果汁，到底有什麼問題呢？

● 注意！水果是「甜食」、「點心」

　　水果，在我的飲食表中，是歸類在天然的「甜食」、「點心」範疇。所以我在前面有提到，如果真的很想吃甜食，可以用一些水果取代，但仍

要正確選擇，分量以一日一份為限。

　　水果並非身體必需品，如果將其營養成分攤開來，會發現它對身體有益的物質，從蔬菜中也可以攝取得到。所以，如果擔心纖維素、礦物質不足，多吃蔬菜就行了。

　　然而，水果中富含兩種對人體不好的成分——高濃度的「蔗糖」和「果糖」。「蔗糖」為一個葡萄糖和一個果糖連結而成的雙醣，是升糖指數（GI）很高的醣類（約 65 左右），攝取後會造成血糖快速上升，並在胰島素的作用下，部分轉化成脂肪儲藏在細胞裡，造成肥胖。

　　有沒有發現，我們常常一開始吃水果，就會不知不覺吃很多，這是因為水果中糖分的成癮性，其實和一般的甜食相同。所以吃水果時，身體也會接收到如享受甜食般的幸福愉悅感，不自覺的一直想吃，再加上媒體、廣告鎮日宣傳「水果好健康」的資訊，那麼，何樂而不為，多吃一點呢？

● 果糖的濕熱危機：尿酸、痛風、脂肪肝

　　水果中的另一種糖——「果糖」，和蔗糖相比，屬於低升糖指數的醣類（15 ～ 17 左右），吃下肚後較不會引起血糖立刻往上升。

　　聽起來很棒對嗎？但卻有隱藏在背後的大危機。

　　果糖是屬於細胞無法利用的糖，所以必須進入肝臟代謝；其代謝產物容易讓肝產生肝膽濕熱，表現出包括尿酸高、痛風、脂肪肝等現象，進一步還有可能影響到脾，使脾胃出現問題。

此外，果糖在肝臟代謝後，會轉化成極低密度脂蛋白（VLDL），再運出肝臟，經血流進入脂肪組織，變成三酸甘油酯儲存，繞了一大圈，還是會導致肥胖。

● 孕期每日水果攝取分量：一天一份不嫌少，兩天一份剛剛好

中等體型的媽媽孕期每日水果攝取分量，必須控制在一份以內為宜，甚至兩天吃一份就夠了。每份：中型橘子一個（100 公克）或蘋果一個。

● 優先選擇低升糖指數的水果

還是要強調，孕期時因為荷爾蒙的改變，食用高升糖指數的食物很容易造成血糖升高、脂肪堆積，因此，在攝取水果時，儘量以低升糖指數者為宜。低升糖指數的水果通常纖維含量較多，可以促進腸胃蠕動，避免便祕。

低升糖指數水果	芭樂、水梨、蘋果、葡萄柚、櫻桃、草莓、柳橙、桃子、李子、小番茄、藍莓、百香果
中升糖指數水果	香蕉、鳳梨、葡萄、木瓜、芒果
！ 高升糖指數水果	西瓜、榴槤、龍眼、荔枝

● 平性水果最合適，偏寒偏熱淺嘗即止

平性水果如：芭樂、蘋果、柳橙等是最適合孕期食用的，只要一天克

制在一份以內，孕期十個月都可以安心享用。

● 第二孕期後避免攝取熱性水果

　　第二孕期後，孕婦體質通常比較燥熱，不適合食用榴槤、龍眼、荔枝、芒果等熱性的水果，以免出現長痘痘、皮膚癢、睡眠不安穩的症狀。而且熱性水果通常升糖指數較高，儘量少碰為妙。

　　如果孕媽咪燥熱的感覺比較嚴重，可以適當吃一些寒性水果，如：奇異果、火龍果、番茄等，但一日食用量也要控制在「一份」以內，避免過於寒涼影響代謝及循環。

	平性水果	熱性水果	寒性水果
水果種類	芭樂、蘋果、葡萄、柳橙、木瓜、草莓、百香果、李子、棗子、枇杷、藍莓、鳳梨	榴槤（高 GI）、龍眼（高 GI）、荔枝（高 GI）、芒果	水梨、奇異果、西瓜（高 GI）、橘子、柿子、火龍果、香瓜、柿子、番茄、蓮霧、奇異果

● 「飯後一小時」吃水果最好

　　很多想減重的人，習慣飯前吃水果，認為可以減少正餐食量，達到控

制體重的目的，其實這個觀念是錯誤的。

就算是低升糖指數的水果，仍含有較多的蔗糖，飯前吃也容易使血糖上升。而且它比起脂肪、蛋白質、澱粉的吸收消化速度更快，容易一下子就餓了，雖然有減少部分的正餐食量，但在餐與餐之間會想吃點心，反而吃入更多熱量及垃圾食物。

此外，部分水果的酸性高、纖維粗，孕媽咪的腸胃較敏感，空腹食用也可能會引起腸胃不適。

建議在飯後一小時食用水果，一是可避免血糖快速上升，二是不容易引起腸胃不適，三則是膳食纖維可以延長飽足感，減少兩餐之間的饑餓感。

● 吃水果，別喝果汁

以一顆 80 克的柳丁為例，只能榨成約 60 毫升的柳丁汁，等於我們一口就喝下整顆柳丁的糖分及熱量，但是僅攝取到很少的纖維質。

少了占大部分的纖維質，使得柳丁汁非常好被腸胃吸收（升糖指數提高），血糖當然跟著飆高，脂肪順理成章囤積，所以在孕期，並不建議以果汁來代替水果。

● 水果一定要退冰

很多水果都需要冷藏保鮮，如果從冰箱直接拿出來清洗食用，吃的時候還是很冰，容易影響腸胃機能及身體代謝，也會使寒濕之氣聚集在腹部。

前面提到的患者，就是因為長期早晨飲用冰果汁，而造成子宮、卵巢系統虛寒的狀況，不可不注意。

建議在想吃的前一小時，把水果拿出來退冰，才不會以為吃了健康，反而越吃越虛。

♥ 祕訣 ⑩ 懷孕後變得「稍微」偏食也沒關係

我在懷孕後期時，特別想吃紅肉，尤其是牛肉。每次外出點餐，總是點了滿滿的肉，和我一起用餐的人常常會說：「啊！是你肚子裡的寶寶想吃吼。」是的，**真的是肚子裡的寶寶想吃！**

研究顯示，當肚子裡的寶寶需要某些營養時，會透過複雜難解的內分泌神經傳達給媽媽，讓媽媽特別想吃含有那些營養的食物。

例如，寶寶在後期成長時，會需要較多的蛋白質及鐵質，這時候很多媽媽就會想多吃肉類；而有些孕婦，則是某一段時間會特別喜歡吃某幾種青菜，這也可能是因為腹中胎兒，對於幾種維生素、礦物質的需求較大，進而影響到媽媽腦部的味覺系統造成的。

所以，每當有孕媽咪和我抱怨最近味覺變了，特別想吃某些東西時，我都會說，**在不影響健康、不超過營養限制的條件下，就遵循感覺去吃吧！**是寶寶在呼喚那些食物呢！

中醫媽媽
教你吃三餐

在了解孕期飲食挑選大原則後，

我們只要再把握幾個重點，就可以很簡單的做飲食控制。

♥ 不同孕期飲食攝取大不同

1. 懷孕初期（前 3 個月）

懷孕初期（前 3 個月）因為寶寶有「帶便當」，營養是由胚胎中的卵黃囊供給，所以媽媽不需要多攝取額外的熱量，依照孕前的飲食方式且均衡即可。不過，有兩個營養素則需要特別注意攝取。

① **葉酸**：葉酸是細胞分裂及胎兒腦部發育的重要營養素。懷孕初期如果葉酸不足，輕者媽媽容易覺得疲勞、無力，重者胎兒可能有神經管缺陷的風險。

此時建議葉酸每日攝取量需「大於 600 毫克」，富含葉酸的食物包括綠色蔬菜、豆類、芝麻、紫菜、肝臟、水果（柑橘類）、糙米等，請媽媽

們多多注意攝取。

　②碘：孕後基礎代謝率會因為胎兒生長而逐漸提高，甲狀腺分泌量也隨之增加，所以，懷孕初期即需要注意碘的攝取（碘是甲狀腺製造荷爾蒙的原料）。若媽媽體內碘含量不足，胎兒可能會出現生長遲緩的狀況。

　孕婦對碘的每日攝取建議量是「200 毫克」，請多從綠色蔬菜、海帶、紫菜、海藻、海魚、貝類、蛋類、乳類、穀類中攝取，也可以將家中炒菜的鹽類換成含碘鹽加強補充。

2. 懷孕中後期（4～9 個月）

　從中期開始，寶寶要從媽媽體內吸收營養，所以，媽媽每天應**增加 300大卡的熱量攝取**，才足以應付胎兒成長所需。營養的部分，中後期要加強**蛋白質類的補充**。此外，孕後期因為寶寶骨骼快速生長，**要多吃鈣、鎂和維生素 D 含量豐富的食物**，而 **DHA** 則是腦部發育重要的成分，在中後期也需要注意攝取。

孕媽媽一日
飲食餐盤計畫

由下圖我設計的孕媽媽一日飲食建議量表，我們可以很明確的知道在懷孕前三個月或是中後期的各種營養需求。

1 計算自己「孕前」的 BMI
BMI = 體重（公斤）／身高^2（公尺^2）

2 用 ① 算出的 BMI，找到自己屬於下表中的哪一欄，並用那一欄的公式，計算出「懷孕前 3 個月」及「懷孕 4～9 個月」每日所需熱量。

孕前的 BMI	每日所需熱量（大卡）	
	懷孕 1～3 個月	懷孕 4～9 個月
＜ 18.5	體重 × 35～40	左欄＋300 卡
18.5～24.9	體重 × 30	左欄＋300 卡
25.0～29.9	體重 × 25	左欄＋300 卡
≧ 30	體重 × 24 （或孕前攝取熱量減少 30%，但不可低於 1600 大卡）	左欄＋300 卡

【練習】
　　例如：仁妤醫師的 BMI 值，假設是 21，體重 53 公斤，一天所需熱量即為：

◆ 懷孕 1～3 個月：53 公斤×30=1590，一天所需熱量為 1590 大卡
◆ 懷孕 4～9 個月：53 公斤×30 + 300=1890，一天所需熱量為 1590 大卡

③ 依照每日所需熱量，在下表找到自己六大類飲食建議份數

	1200 大卡	1500 大卡	1800 大卡	2000 大卡	2200 大卡	2500 大卡	2700 大卡
全穀雜糧類（碗）	1.5	2	2.5	2.5	3	3.5	3.5
豆魚蛋肉類（份）	4	5	6	7	7	8	9
乳品類（杯）	1.5	1.5	1.5	1.5	1.5	1.5	2
蔬菜類（份）	3	3	3	4	4	5	5
水果類（份）	1	1	1	2	2	2	2
油脂與堅果種子類（份）	3	3	4	5	5	6	7

（詳細的六大類食物替換表，可參考 240 頁）

孕婦每日飲食建議攝取量			
孕期 營養所需	懷孕 1～3 個月	懷孕 中、後期	份量單位說明
每日所需熱量	1500 卡	1800 卡	食物份量
五穀根莖類	2 碗	2.5 碗	每碗：白飯 1 碗、或稀飯兩碗、或中型饅頭 1 個、或薄土司 4 片 （一個掌心大）
魚肉蛋豆類	5 份	6 份	每份：肉、家禽或魚 1 兩、或蛋 1 個、或豆腐 1 塊、或豆漿 1 杯 （一個拳頭大）
乳品類	1.5 杯	1.5 杯	每杯：牛奶或優酪乳 1 杯、或乳酪 1 片
蔬菜類	3 份	4 份	每份：3 兩（100 公克） （一個手掌大）
水果類	1 份	1 份	每份：中型橘子 1 個（100 公克）或蘋果 1 個 （一個拳頭大）
油脂類	3 份	4 份	每份：15c.c. （一根大拇指）

醫師
小叮嚀

將圖表貼在冰箱或顯眼的地方，每日做飲食習慣控制練習，其實只要練習個一週左右，就大概記得每天應攝取的營養份量多寡，在選擇吃什麼的時候自然知道怎麼挑選適合的食物。

♥ 每日飲食小提醒

1. 現在開始做飲食記錄

記錄飲食的目的在於，如果在孕期當中發現體重控制出了問題，我們可以從飲食記錄中檢討，是否有什麼錯誤的飲食習慣需要改進。也可以藉由飲食記錄，慢慢了解每一種食物的營養成分。

通常開始做紀錄後，大家才會發現，原來我每天吃了這麼多亂七八糟的東西啊！

2. 請在前一天寫下隔日的飲食計畫

請每天晚上想好隔天的飲食計畫，不一定要很明確的規劃每餐要吃什麼，但是可以把已經決定要吃什麼的那一餐寫下來，並且把剩下的飲食份量分配給其他餐。

例如：明天晚上診所聚餐，大家想吃美式餐廳，可能會吃到薯泥、炸雞、肋排，攝取的油脂、蛋白質、澱粉份量一定會比平常的一餐多，大概會攝取到 1.5 碗澱粉、3 份的肉類、2.5 匙的油脂。

所以，我的中餐跟早餐就必須從剩下的營養攝取量去分配，總共可以攝取 1 碗五穀根莖類、1 份魚肉蛋豆類、1.5 杯乳品類、3 碟蔬菜類、1 份水果類、0.5 匙油脂。

我的飲食記錄表（懷孕前 3 個月）

一日飲食記錄表

日期：7/8　　所需熱量：1500 大卡　　懷孕 3 個月

早餐	● 全麥土司 2 片 ● 無糖豆漿 1 杯 ● 雞蛋 1 顆 ● 乳酪半片 ● 高麗菜 1 份
午餐	● 白米飯 0.5 碗 ● 毛豆 50 公克 ● 去皮雞胸肉 35 公克 ● 地瓜葉 1 份 ● 沙拉油 1 茶匙 (5 公克)
晚餐	● 糙米飯 0.5 碗 ● 魚 35 公克 ● A 菜 1 份 ● 蘋果 1 個 ● 芥花油 1 茶匙 (5 公克)
零食 點心	● 牛奶 1 杯 ● 腰果 10 公克

我需要的食物分量

- ☑ 全穀雜糧項 2 份
- ☑ 豆魚蛋肉類 5 份
- ☑ 乳品類 1.5 杯
- ☑ 蔬菜 3 份
- ☑ 水果 1 份
- ☑ 油脂 3 份

我的飲食記錄表（懷孕 4 ～ 9 個月）

一日飲食記錄表

日期：12/8　　所需熱量：1800 大卡　　懷孕 8 個月

| 早餐 | ● 燕麥粥 1 碗
● 傳統豆腐 3 格 (80 公克)
● 魚 35 公克
● 生菜沙拉 100 公克
● 黑芝麻 10 克 |

我需要的食物分量

- ☑ 全穀雜糧項 2.5 份
- ☑ 豆魚蛋肉類 6 份
- ☑ 乳品類 1.5 杯
- ☑ 蔬菜 4 份
- ☑ 水果 1 份
- ☑ 油脂 4 份

早餐
- 燕麥粥 1 碗
- 傳統豆腐 3 格 (80 公克)
- 魚 35 公克
- 生菜沙拉 100 公克
- 黑芝麻 10 克

午餐
- 糙米飯 1 碗
- 蝦仁 50 公克
- 豬里肌肉 35 公克
- 莧菜 1.5 份
- 橄欖油 1 茶匙 (5 公克)

晚餐
- 白米飯 0.5 碗
- 黑豆 25 公克
- 牡蠣 65 公克
- 綠花菜 1.5 份
- 香蕉半根 (70 公克)
- 苦茶油 1 茶匙 (5 公克)

零食點心
- 無糖優酪乳 1.5 杯

3. 飲食順序要記得「一肉二菜三澱粉，每種間隔 7 分鐘」的原則。

4. 如果要額外攝取小點心，需減少正餐分量

　　小點心也需要計入每日營養攝取量，如果有額外攝取點心，也必須寫在飲食記錄表中。所以從現在開始，我們必須試著看營養標示，將額外的點心、零食的成分也一併記錄在飲食記錄表中。

醫師
小叮嚀

　　不要忘記孕期前中後需要額外多攝取的營養。

孕期需加強攝取的營養素	
懷孕 1 ～ 3 個月	懷孕中、後期
葉酸 (每日攝取量 >600mg) 碘 (每日攝取量 >200mg)	鈣、鎂、維生素 D、蛋白質、維生素 E、DHA、鐵質

懷孕時的飲食禁忌

新手媽媽們在懷孕後，大多很小心翼翼，
深怕吃到的東西對寶寶健康造成影響。

很多婦女在懷孕後，第一件事情就是問：「醫師，我有什麼是不能吃的？」新手媽媽們在孕後，大多很小心翼翼，深怕吃到的東西對寶寶健康造成影響。不過，懷孕都這麼辛苦了，如果吃個東西也要提心吊膽，好像也是很難受呢。

我通常建議媽媽一旦確定受孕後，就要先了解哪些食物是絕對不能吃的，哪些可以少量食用，還有哪些是能放心吃的，這樣在食物選擇上，就不用常常擔心受怕了！

♥ 必須淺嘗即止的食物

1. 含咖啡因飲品

很多媽媽跟我說，懷孕前每天早上都要一杯咖啡提神，孕期最難受的

就是戒咖啡，我都會回她們說：「等一下看診結束，就去喝一杯中杯美式或大杯拿鐵犒賞自己吧！」

近幾年的研究顯示，低量的咖啡因並不會對胎兒有所影響，隔幾天一杯美式或拿鐵是很安全的。不過，因為胎兒體內沒有代謝咖啡因的酵素，如果過量攝取咖啡因，還是有可能會對胎兒造成傷害。

那麼多少算多呢？研究顯示，每日咖啡因攝取量大於 300 毫克時，各種孕期風險，會隨著咖啡因增加而提升，有可能會造成胎兒體重過輕、生長不良及流產等問題。

以小 7 賣的 city café 來說，一杯中杯美式或一杯大杯拿鐵的咖啡因，大約都介於 100 ～ 200 毫克之間，一天以攝取一杯以內為宜。

所以建議媽媽，**孕期咖啡因攝取以每日 200 毫克為上限**。市面上咖啡及茶的咖啡因含量差異非常大，所以每日都會喝咖啡或茶的媽媽，在喝之前，最好先了解飲料中咖啡因的含量。如果是偶爾嘴饞才喝的，則不用太在意。

2. 內臟類食物

內臟類食物，如鴨肝、鵝肝、雞胗、雞心、豬腎（腰子）等富含維生素 A 與 B_{12}，還有銅，適量攝取對媽媽及寶寶是有益的，但若攝取過量，會對寶寶造成肝毒性。建議媽媽一周不要食用內臟類食物超過一次。

♥ 必須完全忌口的食物

1. 酒精

　　酒精會從胎盤進入胎兒體內，損傷其神經系統，而中樞神經系統的破壞是不可逆的，一旦受到傷害，便會造成一輩子的遺憾。主要症狀包括：生長遲緩、學習障礙、過動、聽力障礙等等，也會對五官的發育造成影響，媽媽不可不注意，酒類千萬要忌口。

2. 生食類

　　生食類食物包括：生魚片、生蠔、生肉、生雞蛋、生水。

　　生食類食物如果不夠新鮮、沒有處理乾淨，可能會因此感染大腸桿菌、霍亂弧菌等腸胃炎菌種，嚴重時會導致大量脫水及電解質失衡，而需要終止妊娠。此外，未煮熟的蛋白質易引起過敏，所以，媽媽最好所有食物都煮熟食用。

　　沒有煮熟的蛋，如溫泉蛋、早餐中的半熟炒蛋、蛋沙拉及甜點中的生蛋（如提拉米蘇），是一般人比較容易忽略的部分，因其可能有沙門氏菌，孕媽咪最好避免食用。

3. 重金屬含量高的魚類

　　美國 FDA 提出幾種高重金屬含量的深海魚，建議孕婦避免食用，分

別是旗魚（sword fish）、鯊魚（shark）、鯖魚（king mackerel）、馬頭魚（tilefish）和鮪魚（bigeye tuna）、馬林魚（marlin）。這些魚類中含有較多的汞，可以穿透胎盤，影響胎兒的神經發育。

4. 罐頭肝醬與肉醬（Pâté）

罐頭肝醬與肉醬容易含有李斯特菌，孕婦如果感染可能會導致流產。72℃以上溫度可以將李斯特菌殺死，如果要食用罐頭，必須煮熟後再吃。

♥ 藥物必須諮詢醫師後服用

各類的西藥、中藥，都必須詢問過醫師後再服用。

小叮嚀／醫師

通常大型的深海魚含有較多重金屬，但牠們又有大量的 DHA、EPA，是孕媽咪不可或缺的營養，那該怎麼挑選呢？這裡提供一些營養豐富、重金屬含量較低的海鮮類供媽媽們選擇：

魚類	秋刀魚、土魠、鮭魚、鰤魚、鰻魚、竹莢魚等
貝類及軟殼類	蛤蜊、牡蠣、孔雀蛤、蝦、花枝、章魚、魷魚等

💛 其他食物Q&A

Q1. 孕婦能不能吃「冰」的食物？

　　孕後因為荷爾蒙的影響，媽媽常有身體燥熱、口渴的感覺，有人跟我說，她連冬天都好想喝冰的！到底冰的飲料或食物，對孕媽咪和寶寶有什麼影響呢？

想吃冰，是體質失衡的警訊

　　孕期特殊的燥熱感，部分是來自於代謝的增加，也有部分是由於孕吐、睡眠不好、食慾不振、便祕造成的。

　　「孕吐」時因為吐出許多水分，體內陰液耗損，陰不足則陽過旺，陽過旺則生熱、口渴，所以很多媽媽孕吐時特別喜歡含冰塊，藉由它較低的溫度來緩解燥熱感。

　　「睡眠不足」同樣會耗損體內的肝陰、腎陰，所以睡不好的媽媽常常有虛性亢奮、晚上口渴、燥熱的感覺。

　　「食慾不振」的燥熱，則是與氣血不足有關。因為氣血不足，心臟需要耗費更多的能量、做更多的工作，去維持住氣血供給，所以身體便容易產生燥熱的感覺。

　　如果孕媽咪身體常感覺燥熱，很想吃冰，我通常會看看患者是否有孕吐、睡眠不好、食慾不振，或是宿便、宿食的問題。如果有，將這些問題

處理好，就可以緩解她們燥熱的感覺，不再那麼想吃冰了。

冰品只有短暫的涼快作用

相信大家一定有體會過，冰的飲料喝下肚，雖然暫時覺得暢快舒服，不過一會兒，燥熱的感覺又回來了，甚至覺得更渴。

那是因為喝下冰飲後，脾胃陽氣受到抑制，影響其水分吸收利用的功能，所以喝完可能會覺得更渴。

脾胃不好的媽媽要避免冰品

冰品下肚，首當其衝就是「脾胃」。人是恆溫的動物，為了抵擋冰品的寒氣，就需要能量來中和其寒性。如果媽媽本身脾胃較弱，常常有腸胃道的症狀，如脹氣、消化不良、胃食道逆流、便祕等，再吃過多的冰品，就會使脾胃機能雪上加霜，不舒服的症狀加重。

孕前體寒的媽媽少吃

很多媽媽在孕前是屬於寒性的體質，容易手腳冰冷、經痛等，雖然體質偏寒，但在孕期仍會有燥熱的感覺（燥熱是代謝增加造成的，並非真正體質變熱），也應該儘量避免吃冰的，以防影響肝、脾、腎功能，造成產後體質更加虛寒的狀況。

吃冰品三訣竅

如果孕期在夏天，真的想吃喝點冰飲，
請把握以下原則，才不容易傷身。

① 淺嘗不過量：一次淺嘗幾口，避免
　大量造成身體負擔。

② 含口中 3 秒鐘：喝入口中不要馬上
　吞下去，先含一含，讓冰飲進入腸
　胃時的溫度高一點。

③ 飯後一小時食用：避免空腹或是邊
　吃飯邊配冰飲。

吃冰品只有短暫的涼快降溫效
果，易使脾胃機能雪上加霜。

Q2. 吃薏仁會導致流產嗎？

薏仁是中藥的一種，也是民間常用食材，四神湯、綠豆薏仁、薏仁漿
等，都可看到它的蹤影。我常常接到媽媽們緊張的詢問，不小心吃到薏仁，
會不會影響胎兒？

薏仁性微寒，味甘淡，有健脾去濕、利水消腫、清熱排膿等功效，有
些古籍中記載孕婦不宜食用，因顧忌其「偏寒」的藥性對寶寶不好，或是
擔心其「利水」的功能會使羊水量減少。

其實，薏仁藥性仍偏平和，一般正常體質的媽媽偶爾食用，並無影響，
不過，**請不要一次大量食用**（超過兩 200 克）；而孕婦若有以下幾種狀況，

則建議避免服用薏仁：

① 懷孕未滿三個月。

② 懷孕滿三個月但常常有腹痛、胎動不安或出血症狀者。

③ 羊水過少的人。

如果沒有以上的狀況，偶爾喝喝薏仁漿、吃點四神湯，是沒有問題的喔！（四神湯記得要先詢問是否有加米酒，若有還是要避免食用。）

07

孕動運動！
我運動到生產前一天

懷孕了，運動會不會動到胎氣？

我在孕前就有運動習慣，所以，在懷孕 3 個月胎象穩定後，就開始一周兩次的「孕動」之旅。內容很廣泛，涵蓋伸展（瑜伽）、有氧運動（飛輪、滑步）、肌力訓練（器材重訓）；在懷孕後期，也加入凱格爾運動來訓練骨盆底肌，並持續做到生產前。

有賴於調養及運動，我兩胎的產程都很順利，不但迅速，陰部幾乎沒有裂傷，產後恢復效果也非常滿意。

♥ 中醫看孕期運動

中醫對於孕媽咪孕期運動，是保持樂見其成的態度，徐之才《逐月養胎法》中提到：「妊娠六月……身欲微勞，無得靜處，出遊於野，數觀走犬、及視走馬。」、「妊娠七月……勞身搖肢，無使定止，動作屈伸，以運血氣。」

其中就指導懷孕女性，在胎象穩定後，可以多伸展肢體、到處行走、適度運動，如此則有益氣血通暢，可常保媽媽和胎兒的健康。

♥ 孕媽咪運動好處多

◆ 孕期運動可以降低妊娠糖尿病、子癲前症的發生率。

◆ 維持好心情：運動可以調運肝氣，肝氣順了，心情就好了！

◆ 強化背部、臀部肌肉：穩定骨架，減少背痛、腰痠現象。

◆ 鍛鍊腿部肌肉：可減少水腫及靜脈曲張發生。

◆ 生產需要腹部、腰部、腿部肌肉的協同出力，肌肉強化後可以使產程更加順利。

◆ 凱格爾運動可使骨盆底肌有彈性，避免生產時陰部過度撕裂傷，也能防止產後漏尿的發生。

◆ 增加腸胃蠕動：減少腹脹、便祕症狀。

♥ 運動種類、強度、時間要注意

懷孕期間，孕媽咪的身體會產生許多變化，包括：

◆ 腹部胎兒逐漸變大，使腹部肌肉分離、核心肌群無力。

◆ 脊椎及下半身關節負重增加。

◆ 寶寶在子宮漸漸長大後，會將橫膈膜上頂，使肺活量下降。

◆ 體內鬆弛素分泌增加，韌帶、肌腱變得較有彈性，造成身體的穩定度、平衡感下降。

　　所以，孕前能做的運動，孕後不一定能夠達到相同的強度，媽媽們需要適度衡量自己身體負荷能力，選擇適合的運動種類、強度及時間長短。

❤ 我的孕動菜單：孕期 3 ～ 6 個月適合的運動

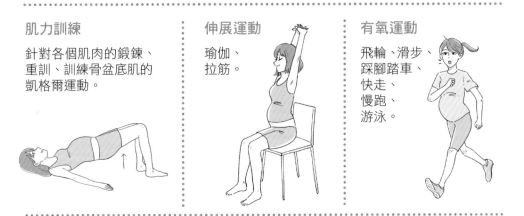

肌力訓練
針對各個肌肉的鍛鍊、重訓、訓練骨盆底肌的凱格爾運動。

伸展運動
瑜伽、拉筋。

有氧運動
飛輪、滑步、踩腳踏車、快走、慢跑、游泳。

1. 孕前沒有運動習慣的孕媽咪，可採取循序漸進的方式

　　先從簡單的運動開始嘗試：快走、孕婦瑜伽、踩腳踏車、可負荷的肌力訓練等都是很好的選擇；待身體逐漸適應之後，再慢慢增加運動強度。

2. 孕前有運動習慣的孕媽咪，可以選擇孕前習慣的運動開始

　　但因為孕後身體的改變，所以請從孕前運動強度 70％左右開始慢慢增加，內容要多樣化，儘量包含到肌力、伸展、有氧三種範疇，才能全方位的加強體能。

❤ 什麼運動不能做？

◆ 若要做腹部肌肉訓練，必須在專業教練指導下，避免影響胎兒。

◆ 避免上下劇烈跳動的運動，如跳床。

◆ 避免熱瑜伽等悶熱環境的運動。

◆ 避免容易碰撞的運動，如籃球、排球。

1 分鐘
養胎教室

運動注意事項

1. 運動前要暖身，運動後要收操。若是做強度較大的有氧運動，結束時則需慢慢停止，避免猛然停止運動時，肌肉快速充血而造成身體不適。
2. 如有任何不適如：頭暈、喘不過氣，必須立即停止運動。
3. 若有胎象不穩的現象，在做任何運動前必須諮詢醫師。
4. 運動前後需適當的補充水分。
5. 環境保持通風涼爽。

中醫媽媽的溫柔胎教

溫柔胎教四法：

念愛、性和、行緩、覺察。

中醫早在古代就有和胎教相關的文獻。《禮記》記載著，周朝的王后——邑姜，在懷周成王時，非常重視胎教，所以周成王出生後，非常聰明賢德，而周朝也成為中國歷史上年代最長的王朝。

邑姜的胎教怎麼做呢？《大戴禮記・保傳》記載：「周后妃（即邑姜）妊成王於身，立而不跋，坐而不差，獨處而不倨，雖怒而不詈，胎教之謂也。」

翻成白話的意思就是：周后妃邑姜懷周成王時，站的時候不踮腳、坐的時候很端正、獨處的時候不傲慢不隨便、有時會生氣但也不會口出惡言。正由於她在懷孕時行為端正、性情平和、處事明白，所以成王在腹中，就受到很好的陶冶，出生後特別的賢德。

❤ 外象而內感

我們都知道，胎兒在 20 周以後，開始對媽媽及外在的刺激產生反應，也已經會做夢及產生記憶，**媽媽在懷胎時的行為、情緒、看到的、聽到的，其實都能夠傳遞給寶寶。**中醫在胎教上強調「外象而內感」，外指的是媽媽，內則是寶寶。這句話的意思就是媽媽的狀態，會透過心理、生理與寶寶交流，讓他感受到媽媽的能量。

因此，中醫所謂的胎教，並非特別去「教」肚子裡的寶寶什麼東西，而是為人母者把身心調整到清澈澄明的狀態，胎兒能感受到媽媽的愛與溫柔，出生後自然也能夠記憶在媽媽腹中所收到的訊息。

❤ 中醫媽媽胎教四法：念愛、性和、行緩、覺察

1. 念愛

胎教最重要的原則，就是心中充滿對寶寶的愛，且把愛傳遞給他。做法其實很多，和寶寶說說話、唱歌、在心裡用想的、或是一些撫摸腹部的動作，都可以表達愛。有些媽媽會覺得想說的話很多，沒辦法一次好好傳達，則非常推薦「孕期日誌法」：**媽媽可以準備一本孕期日誌，當有話想對寶寶說的時候，就以和寶寶對話的口吻記錄下來，順便分享最近的生活和心情，其實在過程中會慢慢發現，跟寶寶之間的連結，會隨著日誌寫得

越多而越來越緊密哦！

2. 性和

古人說：「心靜息，無使氣極」。孕期時，時時提醒自己保持心情平和、愉悅，不大喜、大悲，不計較瑣事，讓氣血維持在穩定的狀態。

好心情能夠讓身體產生好的荷爾蒙，對寶寶的心性發展很有助益。

平靜的情緒也可以使胎兒處在一個穩定的環境。常常籠罩在緊張、害怕的狀態下，血管容易收縮，腎上腺素分泌也會增加，除了影響寶寶心理之外，也可能妨礙到生理的發育。

3. 行緩

懷孕的時候，我還在繼續看診，有時候患者比較多，必須維持快速的步調，反覆來回診間及針灸間時，我常會感覺到寶寶在肚子裡抗議，當天他也會特別的躁動。當察覺到這個狀況之後，走路時我就會刻意放慢腳步，每一步都踩好、走好，感受到腳底板穩穩地踩在地上後再走下一步，並且調整呼吸及說話速度，讓自己心平氣和，腹中的寶寶自然也會慢慢穩定下來。

4. 覺察

「覺察」和寶寶相處當下的念頭、情緒跟身體感受，是一個和他交流

非常好的方式。

　　我們的思緒常常被各種生活瑣事、繁雜工作占滿，很難讓自己和寶寶好好共處，所以要利用一些方式，**排除紛亂的思緒，讓自己、身體、寶寶能夠靜下來彼此溝通。**

　　在做「覺察」放鬆的時候，我常常可以感受到腹中的寶寶，與我處在相同的共振頻率上。此時，胎兒跟著媽媽一起放鬆，互相體會彼此的感受。有時候，甚至能感覺出寶寶嘗試著跟我對話呢！大家不妨每天花 10 ～ 15 分鐘試試看。

媽媽的心情平和，
寶寶也有安全感。

10 分鐘正念胎教練習

- **步驟 1　覺察**
  ① 以輕鬆自然的方式坐下，也可以坐在椅子上或盤腿。
  ② 將眼睛閉上，確保自己不受外界聲音、影像干擾。
  ③ 開始覺察：
    a. 感受身體的各個部位，從趾尖、小腿、大腿、腹部、寶寶、胸腔、肩、背、手、 頭，有什麼細微的感覺或是不舒服的地方？
    b. 現在有什麼念頭出現？
    c. 與寶寶一起感受、承認、接受、陪伴身體的感覺及念頭。

- **步驟 2　正念呼吸**
  用鼻子緩慢深呼吸，把注意力集中在吸氣、呼氣上，進行一分鐘。如果腦中產生雜念時，可以睜開眼睛休息一下，再慢慢地把注意力帶到呼吸上。

- **步驟 3　再覺察**
  專注於呼吸一分鐘後，再將注意力從呼吸擴及全身，讓身體的感覺再度被探索、照顧。

09

常見孕期不適的解決方法

解決孕期不適,該吃什麼?

該做什麼?一次說清楚。

狀況 1

▼

孕吐

「蔡醫師,我吐到連膽汁都吐不出來了,到底有什麼方法可以不要再吐?」

孕吐是懷孕後第一個會讓媽媽感受到不舒服的症狀,也是最常見的孕期不適現象之一,許多媽媽的孕吐會持續到懷孕後第 12 周才慢慢消失,少部分會持續到 16 周,甚至更久。

● 嘔吐是「肝」努力滋養寶寶的反應

懷孕後,我們的肝會為了腹中的寶寶,開始努力工作,如:把血灌注到子宮,讓其內膜增厚、胎盤血流量增加,以供給新生命舒適的環境及養分。

如果肝把太多的血給了子宮，或者媽媽的肝血原本就不充足，就容易造成肝血虛而陽氣過於旺盛，這時候，過盛的陽氣就會向上衝，影響到脾胃，使胃中食物上逆，造成所謂的害喜、孕吐。

也因為如此，孕前就肝血不足、或是脾胃較為虛弱的媽媽，比較容易有孕吐的症狀，時間也會拉得比較長。

嘔吐又因為體質的關係，分為胃寒嘔吐和胃熱嘔吐，不論哪一種，食用「生薑」都有止吐的功效；而胃熱嘔吐的媽媽，再適量吃一些清胃火的食物，更可以有效緩解孕吐。

| 孕吐原因 | 胃寒型嘔吐 | 容易在早上嘔吐、乾嘔、吐不出什麼東西來或是吐出水比較多，嘴巴沒有味道。 |
| | 胃熱型嘔吐 | 吃完東西後嘔吐，吐出食物殘渣、嘴巴容易乾、有苦味，嘔吐完覺得胃熱熱的。 |

❤ 改善孕吐的食物

① **生薑為止嘔聖藥**：中醫有個止孕吐的方子，叫「小半夏湯加茯苓湯」，是由生薑、半夏、茯苓組成，緩解孕吐效果很好。在治療孕吐時，我也會依照媽媽的體質，另外加入平肝降逆或是補肝血的藥方，但因為劑量需要較嚴格掌控，使用上建議找醫師開立較為安全。

不過，生薑的部分，媽媽可以自己在家使用，如嫩薑切片含在口中，或是以薑片或薑汁泡溫水飲用，對止孕吐都非常有效。

② **酸味的食物：蜂蜜檸檬汁、奇異果、紫蘇梅、烏梅、話梅。**懷孕初期之所以會特別喜歡吃酸的食物，是因為它能柔肝、平肝氣，降低肝氣對於脾胃的影響，減少孕吐。

③ **多吃補脾食物：**小米粥、紅棗、白扁豆、山藥、麥芽這些食物可以補脾氣，建議少量多次食用，對於孕吐且食慾差的媽媽，有健脾、止嘔的效果。

④ **胃熱型嘔吐可吃清胃火的食材：**如白蘿蔔、竹茹，可以減少食後嘔吐的狀況。

小叮嚀／醫師

　　購買薑的時候，記得要買「生薑」而非「老薑」，前者功能為止嘔、散寒，後者則可溫脾胃。如果胃熱型嘔吐的媽媽，食用老薑可能會因為過於辛辣濃烈而有反效果。

生薑　老薑

♥ 改善孕吐的飲食法

① __少量多餐__：容易孕吐的媽媽，建議少量多餐，避免過多食物在胃中上逆而嘔吐。

② __飲食中加入止吐食材__：建議孕媽咪煮菜時，常以生薑絲入菜。胃熱嘔吐者，則可以常喝蘿蔔湯或是用竹茹、陳皮煮水飲用。脾氣比較虛弱的人，請多吃補脾氣的食物，如小米紅棗粥、山藥湯。餐跟餐之間，也可以準備酸味的水果或是紫蘇梅、烏梅當作小點心。

③ __睡前兩小時避免飲食。__

 改善孕吐茶飲

竹茹陳皮水：竹茹 4 錢、陳皮 4 錢洗淨，加入 1500 毫升的水煮滾後濾渣取汁，代水飲用。

♥ 改善孕吐按內關穴

開始有孕吐感覺時，分別按壓左右手內關穴，一次十秒，持續二十～三十次，可以減緩噁心的感覺。

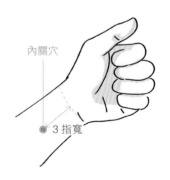

內關穴

3 指寬

脹氣

直到現在，我都還記得，第一胎懷孕兩個月的時候，碰到許久不見的朋友，他看到我的肚子後問：「5 個月了嗎」？那時候的我脹氣得很嚴重，吃飽後，肚子不但容易脹得不舒服，還看起來像懷孕 5 個月。

　　大部分的媽媽在懷孕前 3 個月最容易脹氣。有孕初期，因荷爾蒙產生改變，腸胃蠕動會變慢，胃酸分泌也跟著減少，所以食物不易消化，停在腸胃的時間增加，容易發酵產氣。在中醫而言，這也和肝氣上逆、上犯於胃造成的脾胃功能虛弱很有關係。

改善脹氣的食物

① **陳皮**：陳皮有行氣、健脾的功能，一可幫助腸胃蠕動、消脹排氣，二則健脾氣，以利脾胃功能恢復，也有止嘔的效果。

 改善脹氣茶飲

陳皮水：將陳皮 3 錢以 500 毫升熱水沖泡後，小口小口分次飲用。

② **紫蘇**：紫蘇能緩解脾胃氣滯、胸悶的症狀，也有安胎及止吐的效果。可利用新鮮紫蘇葉入菜，或以乾燥紫蘇葉沖泡熱水飲用，或是加入上述的陳皮水中，效果更佳。

③ **炒麥芽**：麥芽是大麥用水浸泡，使其長出幼芽約 0.5 公分，進一步乾燥的產物。如果再將其炒過，就成為炒麥芽。《本草綱目》有言：麥芽能「消化一切米麵諸果食積。」食用澱粉米麵類食物容易脹氣的媽媽，服用炒麥芽有很好的消脹效果。

 改善脹氣茶飲

　　　炒麥芽水：炒麥芽 1 兩，以 1000 毫升的水熬煮 20 分鐘，
　　　　　　　濾渣取汁即可飲用。

♥ 改善脹氣的飲食法

① **飯水分離**：澱粉類吸到水分容易膨脹，使腸胃脹氣的症狀更嚴重。餐前或餐後一小時儘量避免喝水或湯。

② **少量多餐**：可將一天的飲食分量分配成 5 ～ 7 餐，避免一次吃太多食物。

③ **細嚼慢嚥**：吃東西的速度太快，容易吃進太多的空氣，細嚼慢嚥能讓口中的消化酵素，先幫忙消化部分食物，減少腸胃負擔。

④ **脹氣食物要避免**：豆類、糯米、麵包、穀類、地瓜、馬鈴薯、香蕉、柑橘類為容易脹氣的食物，應儘量避免食用。

⑤ **乳製品也要小心**：牛乳為寒濕之品，容易生痰。在脾胃功能虛弱之下，再食用乳製品，除了會讓腸胃脹氣更嚴重，也容易有嘔吐的症狀出現。

狀況 3

▼

疲倦嗜睡

懷孕後，氣血聚於胎，如果媽媽本身氣血不足，很容易有疲倦、嗜睡甚至頭暈的感覺；有些人又因為孕吐或脹氣，使得營養更缺乏，而加重疲倦不適的現象。

要調補氣血，首先要讓脾土健運。脾為生化之源，脾胃吸收好，氣血化生足夠，身體的清氣自然往上升，頭暈、嗜睡的症狀就能改善。

❤ 改善疲倦的食物

① **滴雞精**：很推薦容易疲倦、體力不佳的媽媽在孕期飲用滴雞精，因其熱量低、營養成分高，且雞肉性味甘平微溫、不寒不燥，很適合

孕期拿來滋補氣血。晨起空腹飲用最好，不但吸收快，也能夠補充一天所需的精力。

② **補脾健胃之物：**在中藥上，我們常常使用補脾健胃的藥物如：香砂六君子湯、小建中湯、參苓白朮散等隨證治之。孕媽咪若要做調養，建議多食用山藥、小米、茯苓、白朮等健脾益胃的食材。

♥ 改善疲倦調養法

媽媽若常常覺得疲倦，可以適度休息，蓄養精氣。不過也不建議過度坐臥，因為缺乏活動會使四肢肌肉軟弱、氣血循環不暢，久了反而會有越休息越累的感覺。每日至少要有20分鐘以上的時間，讓自己活動肢體，曬曬太陽，提振體內氣血，精神才會好。

狀況 4

▼

腳抽筋

孕期夜半的腳抽筋，通常來得又急又猛，讓人痛到掉眼淚，有時候，昨天抽筋的疼痛還沒有消除，今天又來一次，許多媽媽每天睡前都會提心吊膽，擔心今晚抽筋大魔王會不會再降臨？

● 血不足以滋潤筋膜

人體全身的筋膜、肌腱、韌帶，有賴於肝血的濡養，才能夠具柔軟度和彈性。懷孕時，寶寶生長需要大量的血，所以大部分的肝血會聚於胎盤，這時候就容易因為肝血不足無法滋潤筋膜，而發生筋膜乾涸、抽筋的症狀。但為什麼抽筋容易發生在半夜呢？當身體休息和睡眠時，多餘的血液會回流肝臟儲存，所以晚上睡覺時，濡養筋腱的血更少，腳就更容易抽筋了。

此外，懷孕後身體礦物質比例的變化，如鈣、鎂等攝取不足，也有可能是抽筋的原因。

♥ 改善抽筋的食物

① **白芍甘草茶：**白芍能夠補肝血、肝陰，使筋腱獲得滋養；甘草有舒緩緊繃肌肉、止痛的效果，可以標本兼治，改善孕期小腿抽筋。取生白芍 6 錢、生甘草 5 錢洗淨，加 1000 毫升的水煮滾後，轉小火

煮 20 分鐘，代水飲用。

② **枸杞木瓜旱蓮茶**：枸杞及旱蓮草都有補肝腎陰血的功能，搭配能夠舒筋活絡的木瓜，可以緩解抽筋。取生枸杞 4 錢、木瓜 4 錢、旱蓮草 3 錢洗淨，加 1000 毫升的水煮滾後，轉小火煮 20 分鐘，代水飲用。（註：此處的木瓜為一種中藥材，並非一般食用的水果木瓜。）

③ **深綠色蔬菜**：如菠菜、茼蒿、油菜、空心菜、芥菜、地瓜葉、莧菜等，皆有補肝血的作用。

♥ 遇到抽筋怎麼辦？

半夜遇到小腿抽筋時，不用緊張，坐在床上，用手將腳尖往身體方向扳，持續牽拉至抽筋緩解。

緩解後，用手揉捏按壓抽筋的小腿肚，幫助其鬆弛。

● 預防抽筋這樣做

① **睡前泡腳**：以溫水泡腳，可增加腿部血液循環並放鬆肌肉，泡腳水的高度須超過小腿肚。

② **注意足部保暖**：寒主收引，寒冷會使筋腱緊縮而更容易抽筋。天冷時務必保持足部溫暖，蓋被子也必須將其覆蓋到。

③ **適度伸展**。

平常可多按壓承山、承筋穴防抽筋。方法是以大拇指按揉承山穴 30 秒，然後換承筋穴 30 秒，左右腳各反覆 5 次。

- 承筋穴：膝膕窩下 5 寸。
- 承山穴：膝膕窩下 8 寸，腓腸肌肌腹下。用力伸直小腿或上提止時主現尖角狀凹陷處。

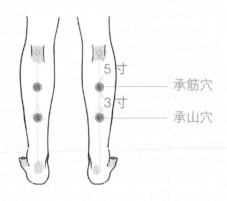

水腫、
靜脈曲張

有位朋友，孕期時體重增加過多，壓迫到下肢靜脈回流，腳腫到像「麵龜」一樣。她說，一開始發現水腫的時候，買了大半號的新鞋子，很快的，新買鞋子不能穿了，只好又改買大一號的鞋子，就這樣一路買上去，最後穿的鞋子比孕前大上兩號。

● 懷孕後期鞋子穿不下怎麼辦？

　　孕媽咪的脾胃處於相對虛弱的狀態，對水分的運化功能下降，致其容易堆積在體內，加上荷爾蒙變化的影響，所以總共會增加約 6 ～ 8 公升的水分。其中，大部分的水分會分布在組織間隙，又因為地心引力的關係，主要集中於下肢，所以媽媽會發現，腳背、腳踝越來越腫，到了傍晚或晚上，更感覺到腳腫脹不適。

　　此外，當懷孕周數增加、寶寶越來越大，也會使媽媽下肢靜脈壓力變大，血液不易回流，腳部水腫自然越發嚴重。

　　雖然多數的水腫在生產完就能夠改善，不過有

部分的媽媽因為水腫太嚴重，使下肢靜脈的瓣膜受到損傷。這樣的損傷是不可逆的，會使得靜脈血液回流更加困難，產生腿部靜脈曲張，不但不好看，腿部水腫的現象也會持續，所以對於孕期水腫，媽媽們還是要注意。

懷孕時，肚子裡的寶寶對於靜脈血液回流的壓迫是無可避免的，不過，可以藉由「調理脾胃」、「控制體重」，並做「行為、飲食上的調整」，來改善水腫的情形。

♥ 改善水腫的飲食法

① **飲食清淡，不可過鹹**：過多的鹽分，會增加水分在體內滯留的時間，使水腫情形加劇。

② **多攝取高蛋白飲食。**

③ **多吃補脾氣的食物**：白朮、茯苓、黨參、山藥、白扁豆、小米、魚

湯都是很好的選擇。

④ **多喝利水消腫的湯品**：紅豆水／赤小豆水，或冬瓜、白蘿蔔煮湯飲用。

**1 分鐘
養胎教室**

　　我在懷孕 6 個月後開始有腳踝水腫的情形，便常煮紅豆白朮茯苓水來喝，不但補脾氣、補血又能消水腫，且做法非常簡單。

1. 紅豆 1 碗、白朮 4 錢、茯苓 4 錢
　洗淨置入鍋中，加入 6 碗冷水，
　浸泡 30 分鐘。
2. 整鍋連水煮滾。
3. 水滾後關火，上蓋燜煮 20 分鐘，
　此時鍋裡的紅豆會有部分破皮，
　部分沒破，水呈半透明紅褐色。
4. 過濾掉煮過的紅豆、茯苓、白朮，
　只留液體部分飲用即可。

| 注意事項 |

1. 紅豆種植時容易使用落葉劑，挑選時儘量選
　擇註明不使用落葉劑、無農藥殘留者。
2. 早期的靜脈曲張經過治療，是能夠有效緩解
　的！如果孕期出現上述情形，建議產後趕快
　找中醫師做調理。

♥ 改善水腫的調養法

① **平躺時，將雙腿抬得比心臟高**：可以幫助血液回流、並減輕下肢靜脈壓力，除了緩解孕期水腫，亦能預防下肢靜脈曲張。

② **左側躺的臥姿**：由於下腔靜脈偏身體右側，睡覺時採左側躺臥姿，可以避免子宮壓迫到位於右側的下腔靜脈，影響下肢血液回流。

③ **避免久站、久坐，坐著的時候不要翹二郎腿，站立時間不要超過 20 分鐘**。

④ **穿彈性襪**：可以選擇穿 20 ～ 30 毫米汞柱（mmHg）的彈性襪，幫助下肢血液回流；市面上除了有褲襪類型的彈性襪，也有長度到大腿的選擇，方便孕媽咪穿脫。

⑤ **增加下肢肌肉肌力**：腿部肌肉收縮，有利腿部靜脈瓣膜收縮、血液回流。適度的走路、踩腳踏車、或其他腿部的肌力運動，對減少腿部水腫都有幫助。

⑥ **控制孕期體重**：體重越重，對下肢靜脈的壓力就越大，壓力大，下肢的水分及血液就不易回流，所以控制體重，也是避免孕期水腫的重要方式。

燥熱

很多媽媽在懷孕的時候，都會覺得自己是個行動暖暖包：原本體質虛寒的，孕後不但不怕冷，還容易流汗、手心腳心發熱；而孕前體質就比較熱的，懷孕後則更容易上火，常常有口乾舌燥、肌膚乾燥甚至發癢的症狀。

● 身體怎麼會變成暖暖包？

懷孕的時候，寶寶需要的養分、羊水都由媽媽供給，所以媽媽體內的陰血會聚集於子宮胎盤，此時，會造成身體其他部分陰液不足，陰不足則陽氣過旺，產生陰虛火旺的燥熱。而媽媽孕後基礎代謝率比孕前增加約20％，代謝生熱，也使得身體火氣更大。此外，像是孕吐、睡眠不好、食慾不振、便祕，也都會損耗身體的陰液，加重燥熱的情形。

● 孕期燥熱、口渴嚴重可以喝青草茶嗎？

青草茶通常是由數種藥草煮成，大部分會使用清肝火、清熱解毒的藥材。此類藥材味苦性寒涼，主要功能是「清實火」；而孕期燥熱多是建立在「陰液不足」、「陰虛火旺」的基礎上，所以產生的是「虛火」，治療會以滋陰血為主、降火為輔，並依照每個人不同的症狀做微調。結論就是較不適合大量飲用青草茶。

♥ 改善燥熱的飲食法

① **多用滋陰食材入菜**：秋葵、黑白木耳、山藥、皇宮菜等富含黏液膠質的蔬菜，都是養陰的極佳來源，可以多多攝取。而黑豆、桑葚、蓮藕、蛤蜊或是其他深綠色、深紅色的蔬果，也是很好的補血養陰選擇。

② **滋陰養血的中藥材**：麥門冬、玉竹、百合、石斛、何首烏、女貞子、枸杞子、生地黃、沙參、玄參都是很好的養陰養血藥材，不過非一體適用，還是要諮詢過中醫師再用藥。

③ **夏季燥熱可適量食用解熱水果**：孕期在夏季的媽媽，因為虛火加上暑熱，特別容易感到燥熱難忍，此時可適量食用清暑熱的水果：如水梨、火龍果、西瓜、奇異果，若是從冰箱取出，則需要稍作退冰再食用。

④ **避免進補**：市面上的補湯如：十全大補雞湯、薑母鴨等，大多加入辛燥的藥材，須避免服用。

♥ 改善燥熱這樣做

① **11 點前就寢**：晚上 11 點到凌晨 3 點是肝膽經養陰血的時間，所以儘量在 11 點上床睡覺，可幫助身體養血。熬夜會加重燥熱的症狀，

記得避免。

② **保持情緒平穩**：生氣、鬱悶都容易使氣機鬱結，導致化火，產生肝火；如果媽媽有口乾苦、易怒、胸脇悶痛等症狀，要特別注意情緒的控制。

③ **適度運動**。

④ **適當補充水分**：每天應補充體重乘以 35 毫升的水分，分小口多次飲用。

⑤ **保持排便順暢**：排便是人體排除廢棄物的主要方式之一。正常的排便是 1 ～ 2 行，質地成條。如果排便間隔時間過長，質地較硬或黏臭，或如廁完有不暢的感覺，表示腸胃排除廢棄物的機能出了問題，容易有積熱而上火。

狀況 7

便祕

便祕一直都是現代社會的文明病之一。其實在古代，並沒有那麼多的便祕病例，但它為何這麼容易發生在你我身上呢？

腸子蠕動和「脾陽氣」、「肝氣」有關。前者就是腸子推進的能量，脾陽足夠，腸子就有力氣蠕動；後者則像是身體的自律神經，無法自主控

制反應，同樣調控著腸道的蠕動。有的人緊張會拉肚子或便祕，就是因為肝氣太旺的緣故。

　　缺乏運動或是喝冰飲，會使脾陽不足，腸道蠕動變慢，而過於緊張的生活步調，則會造成肝氣緊繃，同樣影響到腸道的狀態。

　　除了腸子蠕動的正常與否，現代人吃太多加工食品、炸物、辣物，造成「腸道菌相長期失衡」、「腸腔過於燥熱」，一樣也是造成便祕的主因。

● 大腹便便是因為腸中陰血不足

　　以上講了這麼多便祕的原因，那孕媽咪為什麼又比一般人更容易便祕呢？

　　孕後因為腸中陰虛血燥、滋潤減少，大便會變得堅硬難解，而受到荷爾蒙影響，腸胃蠕動也會減慢，不容易有便意。所以，很多媽媽原本孕前一兩天能解一次便，孕後變成一周才解一兩次，真的是變成大腹便便了！

💜 改善便祕的食物

① **適度補充蔬菜水果**：蔬菜水果內含膳食纖維，可增加糞便的量，刺激大腸壁肌肉蠕動，將糞便推送出去。此外，還會在大腸內發酵，有利於腸道內好菌的生長。

　　孕期每日蔬果建議量為蔬菜 3 ～ 5 份（一份 100 克）、水果 1 ～ 2

份（一份約一個中型橘子大小，大家可以從第 59 頁及第 240 頁的飲食建議表，找到最適合自己的每日食用份數）。

② **好油不能少：**孕後腸中滋潤減少，所以油脂的攝取更不能忽略，有的媽媽怕胖，每天吃水煮餐盒，油脂攝取嚴重不足，反而會使便祕更嚴重。孕期每日油脂建議量為 3 ～ 7 份（每份為一茶匙 5 公克）。

③ **避免食用甜食及加工食品：**如餅乾、糖果、糕點、麵包、罐頭等，以維持良好的腸道菌相，避免腸腔燥熱。

④ **晨起空腹喝一杯 500 毫升溫開水（或溫蜂蜜水）：**溫開水進入胃中，會啟動整個腸胃的神經系統，大腸也會開始蠕動，有助於將前一天形成的糞便排出；蜂蜜有潤腸通便的效果，可以滋潤腸胃，使腸胃蠕動更順暢。

⑤ **養陰補血中藥材來助陣：**杏仁、柏子仁、地黃、沙參、玄參有滋陰養血的功能，可適度服用，幫助潤腸通便。

⑥ **調整腸胃蠕動機能：**脾陽氣是腸胃蠕動機能的根本，臨床上若有不足的患者，我們會使用白朮、乾薑、大棗、黨參等藥物來補充，或是再加厚朴、枳實、大腹皮等通調腸胃氣機。

💜 改善便祕這樣做

① **注意便意**：有便意的時候，一定要去上廁所，否則糞便容易滯留於腸道，造成習慣性便祕。

② **蹲廁所不超過 10 分鐘**：孕媽咪腹壓較大，在馬桶上坐太久，容易造成直腸靜脈曲張充血，引發痔瘡，建議如廁時間以不超過 10 分鐘為宜。

③ **規律運動**：運動能增加腸胃能量，刺激其蠕動，促進排便。如果沒有時間運動，快走也是一個很好的方式，一天至少快走 20 分鐘，能幫助解便。

④ **心情放鬆**：常常處在緊張、壓力的狀態，會使肝氣緊繃，影響到腸道，造成便祕或腹瀉等腸道失調症狀。

• 瘦孕篇 •

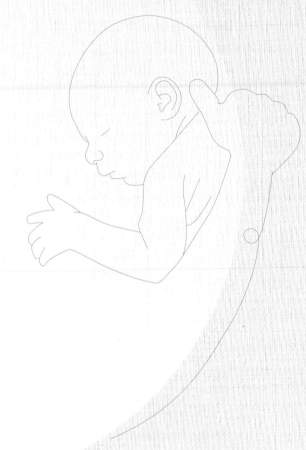

坐好月子，
要美要瘦都可以！

不坐月子，你會老得快！

曾經有對姊妹一起來做產後調理，兩人長得很像，身高也差不多，但是妹妹一看身形就是比姊姊大上一號，標準的水腫虛胖體型。

她們告訴我，其實在懷孕前，姊妹倆都是BMI22左右的標準身材，孕期增加的體重也都在合理範圍；唯一的差別是，妹妹因為在美國生產，生完雖然有在家休息兩個禮拜，但沒有特別坐月子調理，又因為忙著帶新生兒，常常只吃微波食品和冰飲（牛奶、汽水）。所以，產後已經快一年了，體重居然和懷孕時差不多。診脈之後，發現她的脾胃和腎的機能都不佳，很典型的月子沒坐好，造成脾腎兩虛的水腫型肥胖。

在孕期，媽媽經歷生理、心理、組織結構和體重的大幅變化，等於由裡到外翻新了一次；生產的過程，又耗費了大量的氣血精力，如果沒有好好調養讓身體復原，對女人來說是一個很大的傷害。

在本書一開始我就有提到，懷孕時，腎、肝、脾這三個臟腑，為了提供寶寶生長發育的能量和養分，會處於過度工作及氣血虛耗的狀態，而它們又是維繫我們健康非常重要的基礎，若產後月子沒有坐好，不但容易埋下病根，日後身體各種不適，也可能會一一浮現。

你知道嗎？水腫、虛胖、免疫失調、各種小毛病，都可能和月子坐不好有關係喔！

01

把壞體質「砍掉重練」
的關鍵時機

　　女人體質要好，有三個重要時期必須把握，分別是「青春期」、「孕期」、「更年期」，其中又以孕期至關重要。懷孕生產時，身體經過氣血的大變動，反而比較容易「砍掉重練」，所以此時正是調養孕前諸多身體毛病的好時機。

　　許多媽媽產後沒有好好休息調理，過了幾個月，才發現一些孕前的毛病，如過敏、頭痛等現象，在產後反而更嚴重了，甚至會出現一些以前沒發生過的病痛，也容易有代謝慢、體重回不來、體力差、容易累等問題。而這時候想要再補救，因為臟腑虛虛較嚴重，需要花上比較長的時間調理。

　　月子坐得好，不但可以恢復體力、調整心情，來面對照顧小寶寶這樣的全新挑戰，也能促進身體新陳代謝、恢復孕前生殖功能。所以，好好把握這一個多月的時間，是非常重要的事。

補養
臟腑虧虛！

調整
產後心情！

坐好月子
4大功能

恢復
生殖功能！

提高
新陳代謝！

坐好月子，
謹記簡單 3 原則！

♥ 原則 1：月子的時間長短因人而異

坐月子的主要目的，是為了讓媽媽的身體和心理，恢復至懷孕前的狀態。因為每個人在孕期所經歷的變化並不相同，所以坐月子的時間也無法一致。不過整體來說，生殖系統要恢復到產前的狀況，大概需要6周到8周，尤以前4周為關鍵期，所以才會建議產後的媽媽，休息調養至少要4周的時間。身體復原較慢者，則必須看情況調整月子期到6至8周；剖腹產的媽媽，也要視傷口癒合情形決定月子長短。

♥ 原則 2：月子不節食，才能瘦下來

有個患者在懷孕時就告訴我，她計畫在坐月子的時候開始節食、減量，這樣才能早一點把體重降下來，以便回到孕前的好身材。

這個方法可以瘦嗎？可以的。

但，很快就會胖回去。一旦復胖，就很難再瘦回來。

❤ 原則 3：月子節食，虛胖上身

剛生產完的媽媽，肝、脾、腎、子宮的氣血都處在極度虧虛的狀態，又必須消耗能量分泌乳汁，此時如果節食，身體攝取的營養不足，就會處於「過勞」、「過虛」的情形，臟腑功能容易遲滯、停擺。

一開始，因為熱量攝取減少，體重的確會下降，但由於臟腑功能遲緩怠慢，對水分、廢棄物的處理能力差，加上代謝不足，身體會逐漸累積脂肪，導致虛胖。

此外，節食也會造成乳汁分泌過少，使寶寶獲得的營養不夠，這也不是媽媽樂見的。

正確的飲食法，是在月子期補得精、補得好，讓身體機能、代謝恢復正常，之後要瘦身，才能夠事半功倍！

03

月子飲食計畫，
讓你一直美下去

♥ 月子期每日攝取熱量：胖瘦哺乳大不同

以月子中心來說，因為怕哺乳媽媽容易肚子餓，一日供餐的總熱量通常會控制在 2200 大卡到 2400 大卡之間。不過，大家有沒有想過，每個媽媽的體重、身形、哺乳量都不同；如果體型偏瘦、沒有哺乳的媽媽，一日攝取 2400 大卡，那坐完月子，體重非但不會下降，反而有可能增加。

咦？蔡醫師剛剛不是才說月子期不能節食，現在又說不能把月子餐吃光光，那麼到底要吃多少才算合適呢？

• 計算月子期每日應攝取熱量

① 沒有哺乳的媽媽：

每日攝取熱量（大卡）＝體重（公斤）×25

② 有哺乳的媽媽：

◆ 奶量小於 500 毫升／日

每日攝取熱量（大卡）＝體重（公斤）×25 ＋ 250

◆ 奶量大於 500 毫升／日

每日攝取熱量（大卡）＝體重（公斤）×25 ＋ 500

　　例如：蔡醫師產後為 55 公斤，產後一周奶量大約為 300 毫升／日，所以每日攝取熱量應該為 55×25 ＋ 250 ＝ 1625 大卡。所以，在吃月子餐時（一日 2200 大卡到 2400 大卡），不宜全部吃完，大概吃三分之二到五分之三的分量最為合適。

♥ 月子餐掌握 7 大原則

● 原則 1：飲食要豐、精、淡、軟、細

① **豐**：食材豐富多樣，五大營養素均衡攝取。

② **精**：分量要精緻，什麼食材都吃一些，但是量不過多。

③ **淡**：烹調要清淡，儘量以蒸、煮、燉、清炒、汆燙的方式，減鹽減糖少調味為主。

④ **軟**：難以消化的食材要燉軟，以免腸胃負擔大。

⑤ **細**：青菜、纖維質多的食材要切得較細，避免纖維刺激腸胃，造成腹瀉或便祕。

● 原則 2：少量多餐，不過飽過饑

產後腸胃虛弱，若一次進食過多，容易造成積滯。臨床上看到許多媽媽產後會胃脹、胃痛、發熱，常是因為吃過量或是過於油膩造成的。

此外，因應頻繁的哺乳需求，身體會持續的消耗熱量，少量多次的進食方式，可以避免媽媽低血糖，也能使乳汁製造更豐沛。

● 原則 3：蛋白質為首要攝取重點

為了幫助傷口癒合、恢復生理機能，攝取優良蛋白質很重要。魚、蛋、豆腐、蝦、肉，都是很好的來源，儘量要均衡攝取。

有哺乳需求的媽媽，更要注意攝取足夠的蛋白質，以幫助泌乳。

● 原則 4：內臟類食物一周兩次以內

豬肝、腰花等內臟類，是產後補充鐵質及蛋白質的好食材，尤其是中醫理論講求以形補形、以臟補臟，內臟類的食物對於媽媽產後子宮、體內臟腑的恢復，效果特別好。不過，因為其膽固醇、熱量較高，烹調出來也偏油膩，所以一周食用次數，建議控制在兩次左右為宜。

● 原則 5：哺乳媽媽要注意鈣質攝取

哺乳的媽媽每天需要 1200 毫克的鈣質，所以必須多攝取鈣質含量豐富的食物，如牛奶、豆類、莧菜、紅鳳菜、芥藍、芥菜、皇宮菜、川七、油菜、

小魚乾、蝦米等。

● 原則 6：避免冰品（飲），喝室內溫度以上的水

　　大家一定有吃完冰品卻頭痛的經驗，這是因為頭部的神經及血管，受到冰的刺激而收縮，所產生的痛覺。就中醫觀點而言，「寒主收引」，寒性的食物會讓血管收縮，血液在頭部運行不暢，「不通則痛」，所以會有頭痛的感覺。

　　除了讓氣血運行不暢之外，吃冰還會損耗身體的陽氣。產後媽媽已經處於氣血不足、肝腎虛耗的狀況，如果再吃冰品，不但會使體力恢復更加緩慢，也會影響子宮的收縮。

● 原則 7：晚上 8 點前吃完水果

　　剛生產完的身體，脾氣、腎氣都還很虛弱，而水果水濕及糖分都偏多，對於脾腎是一種負擔。白天時，因為陽氣行走於外，身體有較多餘力去處理、代謝水果的水濕及糖分，但是到了晚上，體表的陽氣進入體內潛藏，使得脾腎處理水濕的功能下降，所以越晚吃水果，痰濕越不易排掉，容易形成氣虛、濕氣重的痰濕體質。

　　在我的臨床經驗中，這類體質不但代謝差，且脂肪還會累積在腹部及臀部，痰濕也乘機入侵生殖系統，影響排卵及子宮環境。所以在做助孕調理時，我常常會要求患者避免在晚上吃水果。

產後第一周至第四周的食譜設計，
利用此時，溫柔對待自己的身心。
你值得的！

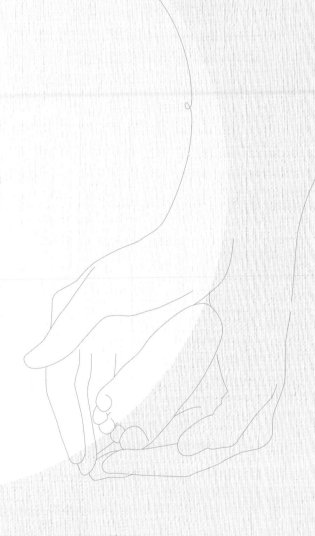

Chapter

— 03 —

中醫師的
月子調理方

產後第一周的飲食調養

　　媽媽剛剛經歷過辛苦的生產過程，身體消耗掉大量的氣力，也流失許多體液及血液，此時正是最虛弱的時候。所以在產後第一周，飲食需要特別細心的調理，重點在「幫助惡露排除」、「補充流失水分」，同時兼顧「脾胃調補」與「傷口復原」。

❤ 注意事項——禁食麻油、酒、人參

　　產後第一周需禁食麻油、酒及人參，因其補性和熱性，容易增加傷口發炎及出血機率。

❤ 本周調養重點

❶ <u>幫助惡露排除</u>：使用活血去瘀的藥材，幫助子宮收縮，加速惡露排除。

❷ 調補脾胃：產後脾胃虛弱，飲食應以清淡、好消化為原則，並以補脾胃的藥膳來加強脾胃功能及胃口恢復。

❸ 補充流失水分：為了補充生產時流失的許多體液及血液，並因應哺乳的需求，產後媽媽需多喝湯水，最好每餐都能夠喝到一碗湯，餐和餐之間，也應少量多次攝取水分。

❹ 儘快讓傷口復原：多食用魚湯、雞湯及富含膠質的食物，加速傷口癒合。

❺ 加速水腫消除：飲食以低鹽、簡單調味為主，避免孕期的水分水腫滯留不去。

生化湯

· 材　　料 ·　　川芎（芎藭）3 錢、當歸 4 錢、桃仁 2 錢（搗碎）、炮薑 0.5 錢、
　　　　　　　　炙甘草 0.5 錢。

· 做　　法 ·　　1. 將藥材洗淨後，冷水浸泡半個小時。
　　　　　　　　2. 先進行頭煎。將浸泡後的藥材放入鍋中，加入水，水高出
　　　　　　　　　　藥材兩公分，用大火煮至水滾，接著轉小火煎煮 30 分鐘，
　　　　　　　　　　待藥湯濃縮至約一個飯碗的量，倒出放涼備用。
　　　　　　　　3. 鍋中的藥材再進行次煎。水與藥材齊平，煎煮的火候，與
　　　　　　　　　　頭煎相同，待藥湯濃縮至約一個飯碗的量，倒出。
　　　　　　　　4. 將兩次煎出的藥湯混合後，再分成兩碗。

· 服用方法 ·　　早晚飯前半小時各服用一碗。

tips

　　　　　　兩次煎煮的水量不同，是因為第一次煎煮時藥材會吸水，而第二次煎煮時，
　　　　　　藥材已吸飽水分，就不用加那麼多水了。

♥ 為什麼要喝生化湯？

生化湯，是由當歸、川芎、桃仁、炮薑、炙甘草五味中藥組成。由其方名可以知道，它的功用為「生」新血，「化」舊瘀，也可說是「生」新的子宮內膜，「化」應排除的惡露。

產後媽媽的身體是「氣血虛」，又有子宮的「瘀血惡露」必須排除，如果使用單純補氣血的藥物，會使瘀血不易排出；而偏用化瘀的藥物，則可能導致出血過多、氣血不足。

生化湯的設計，巧妙利用消、補兼施的方法，一方面幫助子宮收縮、排除惡露，一方面則補足身體的氣血，以促進子宮內膜新生。

♥ 生化湯如何服用學問大

◆ **自然產的媽媽**：生產後第 3 天可以開始飲用，一日一帖，連服 7 天。

◆ **剖腹產的媽媽**：因剖腹產手術時，會將子宮內部清理乾淨，所以不需服用生化湯，尤其在產後第一周需禁服，以免傷口出血或發炎。

對於剖腹產的媽媽，臨床上我通常會使用有助傷口止血及癒合的藥物，如三七、丹參等等，再配合患者的體質，加入其他調整身體機能的藥材。

❤ 量身訂做更對證

雖然生化湯的設計普遍適用於產後惡露排除，但也因每個媽媽的體質各異，所以我在使用上，也常常會依照每個人的不同去做調整。

例如：同樣是子宮收縮不好，有的媽媽是因為脾胃氣特別虛弱，子宮的「能量」不足，這類型的人就需要多加補氣或提氣的藥物，如：黃耆、黨參、人參、白朮等，以增加子宮能量。

而有的媽媽，一把脈，則發現問題和「寒氣」有關係，此時則會使用較多的溫陽、逐寒藥物，來加強子宮收縮。

另外，「肥胖」也常和子宮收縮不良有關，這個時候，就要另外加入去濕化痰的藥物，才能幫助子宮收縮。

醫師小叮嚀

1. 並不是生化湯服用越多，惡露就排得越乾淨，如果身體不適合，服用過多反而會延長出血時間，造成失血貧血。此外，子宮內膜在產後兩周就開始新生，所以生完寶寶 14 天後，就不建議再喝生化湯。如果有任何疑慮，最好的方式是諮詢過中醫師再決定。
2. 如果媽媽有傷口感染或是血崩的狀況，則不適合服用生化湯，必須儘速就醫治療。

化瘀雞湯

· 材　　料 · 　帶骨大雞腿 1 隻、川芎 3 錢、雞血藤 4 錢、薑 3 片、枸杞 1 小把。

· 調 味 料 · 　鹽適量。

· 做　　法 · 　1. 藥材、雞腿洗淨備用。

　　　　　　　2. 雞腿切塊，滾水汆燙去血水後撈起。

　　　　　　　3. 湯鍋中放入汆燙過的雞腿、薑及所有藥材，加入 1200 毫升
　　　　　　　　 的水大火煮滾後，轉小火燉煮 30 分鐘。

　　　　　　　4. 加入枸杞、鹽，關火上蓋燜 5 分鐘，即可食用。

功效

雞血藤能活血、補血，對於產後血虛、又需要排除惡露的體質非常
適合。再配上活血行氣的川芎，可加強惡露排除，並有緩解產後子
宮收縮疼痛的效果。

tips

將魚骨和魚肉分開料理，為的是取魚骨的香氣，並保持魚肉的鮮嫩可口！我在第一胎坐月子時，發現這個使魚湯又香又好喝的祕訣，從此就愛上這道簡單方便、清爽健康的鱸魚湯，到現在，它還是常常出現在我家的餐桌上呢。

發奶鱸魚湯

· 材　料 · 鱸魚 1 條（約 1 斤）、黨參 3 錢、紅棗 6 顆、薑 2 片。

· 調味料 · 香油 1 大匙，鹽適量。

· 做　法 ·
1. 鱸魚去鰓、鱗片、內臟後洗淨，用刀將魚骨及魚肉分開，魚肉切片，紙巾擦乾備用。
2. 黨參、紅棗洗淨備用。
3. 將鍋子均勻抹油後燒熱，放入鱸魚骨煎至兩面金黃。
4. 加入 500 毫升熱開水，讓金黃色的鱸魚骨和熱開水一起煮滾，產生乳化作用。
5. 將鱸魚骨湯和黨參、紅棗、薑放入湯鍋中，加入 1000 毫升的水，先用大火煮滾，再轉小火燉煮 20 分鐘，最後放入魚片煮 5 分鐘，加鹽調味，關火起鍋。

· 注意事項 ·
1. 鱸魚先用紙巾擦乾較不易黏鍋。
2. 如果不會處理魚，可以請魚攤老闆先幫忙宰殺。

功效

鱸魚有益脾胃、補肝腎、治水氣的功效，富含的膠質可以幫助傷口癒合。而黨參能補中益氣、生津、生血，很適合產後調養脾胃虛弱時食用，同時也有促進乳汁分泌的效果。

三七蘿蔔雞湯

・材　　料・　三七 4 錢、川芎 3 錢、黨參 2 錢、帶骨大雞腿 1 隻、白蘿蔔
　　　　　　1/3 根、薑 3 片、枸杞 1 小把。

・調 味 料・　鹽適量。

・做　　法・　1. 薑、藥材洗淨備用；白蘿蔔洗淨，削皮，切薄片。

　　　　　　2. 雞腿切塊，滾水汆燙去血水後撈起。

　　　　　　3. 將雞腿、白蘿蔔、三七、川芎、黨參、薑放進鍋中，加入
　　　　　　　　1200 毫升的水大火煮滾後，轉小火燉煮 20 分鐘。

　　　　　　4. 加入枸杞、鹽，關火上蓋燜 5 分鐘，即可食用。

功效

對於自然產或是剖腹產的媽媽，在產後第一周，三七都是很適合
的藥物。因為它不但能止痛，還擔負「雙向調節」的功能。如果
有產後傷口加上出血狀況，三七可以縮短凝血時間，幫助子宮止
血；假使是氣血瘀阻，則能活血化瘀，排除子宮惡露。不論是自
然產或剖腹產的傷口，都有極佳的消腫、加速癒合作用。
白蘿蔔則可消除脹氣、解膩和消食積，對於剖腹產的媽媽恢復腸
道蠕動，有很好的效果。

牛膝蓮藕排骨湯

· 材　　料 ·　懷牛膝 4 錢、蓮藕 1 至 2 節、小排骨 300 克、紅蘿蔔 2/3 根、薑 3 片、
　　　　　　　枸杞 1 小把。

· 調 味 料 ·　鹽適量。

· 做　　法 ·　1. 藥材洗淨備用。
　　　　　　　2. 蓮藕洗淨，切去頭尾，削皮，切薄片備用；紅蘿蔔削皮，
　　　　　　　　　滾刀切塊備用。
　　　　　　　3. 小排骨洗淨，滾水汆燙去血水後撈起。
　　　　　　　4. 將懷牛膝、蓮藕片、小排骨、紅蘿蔔、薑放進鍋中，加入
　　　　　　　　　1200 毫升的水大火煮滾後，轉小火燉煮 20 分鐘。
　　　　　　　5. 加入枸杞、鹽，關火上蓋燜 5 分鐘，即可食用。

· 注意事項 ·　蓮藕切 0.5 公分薄片較容易煮熟。

功效

1. 懷牛膝有活血逐瘀、引血下行的功能，可助惡露排除，緩解
產後腹痛；此外，亦可補肝腎、強筋骨，所以產後腰痠腳軟、
筋骨不利的媽媽，很適合將其入藥膳。
2. 生蓮藕性味甘寒，有清熱生津、涼血止血、散瘀之效，適用
於口乾舌燥及火氣大的體質；但在煮熟後寒性降低，功能偏
向健脾養胃、補氣養血，也有止瀉的效果，很適合胃腸虛弱、
消化不良體質的媽媽食用。

紅棗雞蛋
小米粥

· 材　　料 · 雞蛋兩顆、小米 80 克、紅棗 10 顆。

· 調 味 料 · 糖少量，不加糖亦可。

· 做　　法 · 1. 小米洗淨，放入鍋中；雞蛋打散備用。

2. 鍋中加入 800 毫升的水煮至沸騰，再放進紅棗以小火煮 15
分鐘。

3. 起鍋前 5 分鐘加入雞蛋，攪拌均勻。

4. 放入適量的糖（不加糖亦可）。

功效

小米古稱「粟」，有很好的健脾、和胃效果。《本草綱目》稱
其「益丹田，補虛損，開腸胃」。藉由補益脾氣，讓身體水分
代謝及分布恢復正常，因此也可排除多餘的水分；產後脾胃虛
弱、食慾不佳、且有水腫的媽媽，很適合嘗試這道點心做調補。

GOOD MEMORIES

醫師
小叮嚀／

此道的黨參請不要換成人參，因人參性溫燥易上火，較
不適合在產後第一周入藥膳。

黨參白朮
山藥豬肉湯

· 材　　料 ·　黨參 4 錢、白朮 4 錢、茯苓 4 錢、枸杞 1 小把、生山藥 200 克、
　　　　　　豬肉片 150 克。

· 調 味 料 ·　鹽適量。

· 做　　法 ·　1. 藥材洗淨；山藥去皮，洗淨，切片。
　　　　　　2. 將黨參、白朮、茯苓放進鍋中，加入 1200 毫升的水大火煮
　　　　　　　　滾後，轉小火燉煮 20 分鐘。
　　　　　　3. 加入山藥片及豬肉片煮 10 分鐘。
　　　　　　4. 加入枸杞、鹽，關火上蓋燜 5 分鐘，即可食用。

· 注意事項 ·　山藥在起鍋前 10 分鐘加入，可以保持較脆的口感，如果喜歡
　　　　　　軟一點，則可提早加入鍋中。

功效

1. 此道藥膳取自一補氣的方劑，名為「四君子湯」。其中黨參
有益氣、生津、養血的功效，健脾胃而不燥熱，滋胃陰而不
濕，潤肺而不寒涼，最適合產後氣血兩虛的媽媽。
2. 白朮及茯苓能補氣健脾、燥濕利水，可加強身體水分轉化功
能，消除水腫。

丹參香菇雞湯

· 材　　料 · 丹參 4 錢、川芎 2 錢、帶骨大雞腿 1 隻、中型乾香菇 7 朵、枸杞 1 小把。

· 調 味 料 · 鹽適量。

· 做　　法 ·
1. 藥材洗淨。
2. 乾香菇溫水浸泡 15 分鐘，去除蒂頭並保留香菇水。
3. 雞腿切塊，滾水汆燙去血水後撈起。
4. 將丹參、川芎、泡開的香菇及香菇水放進鍋中，加入 1200 毫升的水大火煮滾後，轉小火燉煮 30 分鐘。
5. 加入枸杞、鹽，關火上蓋燜 5 分鐘，即可食用。

功效

1. 丹參雖然有「參」字，但和人參是不一樣的植物，功效也完全不同。人參性溫燥，功能為大補元氣；而丹參性苦微寒，有活血調經、祛瘀止痛、補血的效果。
2. 《婦人明理論》中提到「一味丹參，功同四物」，意思是其有四物湯四味藥的活血、補血之效；又因為它有補性且不溫燥，所以體質較為燥熱、不適合服用四物湯，又需要補血活血的女性，就可以用丹參來做調養。

參耆魚片 豆腐煲

· 材　　料 · 黨參 2 錢、黃耆 2 錢、鯛魚肉 200 克、嫩豆腐 1 盒、金針菇半
包、蔥 1 根。

· 調 味 料 · 米酒 1 大匙、醬油 1 大匙、味霖 1 匙。

· 做　　法 ·
1. 將米酒、醬油、味霖混合成醬汁。
2. 鯛魚肉洗淨切片（厚度約 1 公分），抹上調好的醬汁，醃 20 分鐘。
3. 豆腐切片（厚度約 1 公分）。
4. 黨參、黃耆洗淨備用；金針菇切除底部，洗淨備用；蔥洗淨切段備用。
5. 取一個大碗或蒸盤，由下而上分別鋪放金針菇、鯛魚片、豆腐、黨參、黃耆、蔥段，最後淋上醬汁。
6. 放進電鍋，外鍋加一杯水，蒸煮至開關跳起，再燜 5 ～ 10 分鐘即可食用。

功效

1. 豆腐蛋白質含量豐富，質地細緻好消化，有益氣和中、生津潤燥的功效。不論是產後調養或是手術後的復原調理，皆為一項非常好的食材。
2. 此道料理用豆腐搭配補脾肺之氣的黃耆及黨參，及同樣是蛋白質含量豐富的鯛魚片，對於產後身體復原更有加乘的效果。

百合銀耳蓮子湯

· 材　料 ·　乾銀耳 15 克、新鮮百合 40 克（可用乾百合代替）、蓮子 1 小把、紅棗 6 顆。

· 調 味 料 ·　冰糖少量。

· 做　法 ·
1. 銀耳洗淨，浸泡至脹大、柔軟，切掉較硬的蒂頭，剪成小朵。
2. 蓮子洗淨後，泡熱水 15 分鐘。
3. 新鮮百合一片片拆開洗淨（可切除黑色部分）；紅棗洗淨備用。
4. 鍋中放入銀耳、紅棗、蓮子，加入 1200 毫升的水中火煮滾後，轉小火燜煮 20 分鐘，再加入冰糖和百合煮 2 分鐘，關火，燜 10 分鐘。

· 注意事項 ·　若使用乾百合需泡熱水 10 分鐘。

功效

銀耳有滋陰潤肺、養胃生津的功能，能補充生產時耗損的津液。而產後因為荷爾蒙變化，媽媽通常會有盜汗、睡眠不安穩的現象，此時加入蓮子及百合，可安神助眠、穩定心神。有上述困擾的媽媽，可在餐間加入此道湯品，輔助產後睡眠狀況。

tips

冰糖有健胃開脾的效果，適量加入可以幫助產後脾胃恢復，不過，應以微甜為宜，過多反而會造成身體的負擔。

產後第二周的飲食調養

　　本周惡露的量已逐漸減少，媽媽此時屬於「氣血、脾胃俱虛」的體質。在調理上，要開始減少活血化瘀的藥物，但需加強脾胃氣血的補養。

　　這個時候，子宮的陰血屬於比較虧虛的狀態，媽媽可能會有陰虛火旺造成的口渴、盜汗、燥熱症狀，因此，此階段會以「養陰血」、「調理脾胃」為主。沒有燥熱感的媽媽，藥材使用可以稍微增加補性，也可以使用少量麻油來料理。

♥ 本周調養重點

❶ 減少活血化瘀的藥材。

❷ 補氣養陰血，調理脾胃。

❸ 增加乳汁分泌。

❹ 注意水分補充，預防便祕。

想變瘦、想變美，我都知道！

坐月子千萬不能節食，產後才能瘦得回來！

黑木耳薑絲雞肉湯

· 材　　料 · 黑木耳 150 克、去骨雞腿肉 200 克、薑 3 片、黃耆 2 片、枸杞 1 小把、紅棗 10 顆。

· 調 味 料 · 鹽適量。

· 做　　法 ·
1. 黑木耳切小塊，去骨雞腿肉去皮切丁，薑片切絲。
2. 黃耆、枸杞、紅棗洗淨備用。
3. 鍋中倒入 1000 毫升的水及黃耆大火煮滾後，加入黑木耳、雞腿肉、薑絲、紅棗再次煮至沸騰，轉小火煮 10 分鐘。
4. 加入枸杞、鹽，關火上蓋燜 5 分鐘，即可食用。

功效

黑木耳性平味甘，能潤能補，有潤肺益胃、益氣補血的作用，適合產後虛弱，容易口乾舌燥、抽筋麻木的媽媽食用。此外，還富含粗纖維和涼血止血的功能，對於便祕或有痔瘡出血者，也非常有幫助。

tips

1. 雖然黑木耳性平，但仍屬較陰柔的食物，所以入菜時建議加一些薑絲來中和其陰性。
2. 黑木耳纖維多，烹調時最好切絲以助消化。

玉麥鮭魚湯

· 材　　料 ·　鮭魚頭 1 個、玉竹 3 錢、麥門冬 3 錢、茯苓 2 錢、紅棗 10 顆、
　　　　　　　枸杞 1 小把、薑 4 片。

· 調 味 料 ·　鹽適量。

· 做　　法 ·　1. 鮭魚頭、藥材洗淨；前者抹上鹽巴醃 15 分鐘。

　　　　　　　2. 鍋中加入少許油，放薑，將其煸出香味。

　　　　　　　3. 魚頭入鍋煎至兩面微黃。

　　　　　　　4. 將玉竹、麥門冬、茯苓、紅棗放入 1000 毫升的水中煮滾，
　　　　　　　　 並加進煎好的魚頭與薑，轉小火燜煮 30 分鐘。

　　　　　　　5. 加入枸杞、鹽，關火上蓋燜 5 分鐘，即可食用。

功效

玉竹和麥門冬就像是中藥裡的玻尿酸，服用後可入肺、胃經，滋
養肺胃之陰，達到滋潤內臟與皮膚、生津止渴的功效，適合產後
容易口渴、發熱、皮膚乾燥的媽媽食用。

滋陰蛤蜊湯

· 材　　料 · 蛤蜊 300 克、黃耆 4 錢、川芎 3 錢、當歸 1 錢、薑 4 片、蒜頭 3 顆、枸杞 1 小把。

· 調 味 料 · 鹽適量。

· 做　　法 · 1. 所有材料洗淨備用。

2. 黃耆、川芎、當歸、薑、蒜頭放入鍋中，加入 1000 毫升的水大火煮滾後，轉小火燜煮 20 分鐘。

3. 加入蛤蜊、枸杞，再次煮沸後，撈去浮沫，待蛤蜊打開，適量加入鹽調味，即可關火食用。

功效

蛤蜊味鹹、性平，有潤五臟、除煩解渴的作用，可滋補孕期損耗的腎水，並能緩解產後發熱、盜汗的症狀。

栗子補氣雞湯

· 材　　料 · 生栗子 15 顆、帶骨大雞腿 1 隻、乾香菇 5 朵、黃耆 3 錢、黨
參 3 錢、薑兩片。

· 調 味 料 · 鹽適量。

· 做　　法 · 1. 黃耆、黨參洗淨。

2. 雞腿切塊，滾水汆燙去血水後撈起。

3. 乾香菇溫水浸泡 15 分鐘，去除蒂頭並保留香菇水。

4. 燒一鍋滾水，倒入生栗子，再煮到水滾後，撈起放涼剝皮。

5. 所有材料放進湯鍋中（包含香菇水），再加入 1000 毫升的
水煮沸後，轉小火燉煮 30 分鐘。

6. 起鍋前加入鹽調味，即可食用。

功效

栗子性溫，味甘，可養胃、健脾、補腎，而香菇也是很好的
補胃氣食材，搭配黃耆、黨參的補氣功效，可以滋補體力，
幫助脾胃功能恢復。

番茄牛肉湯

· 材　　料 · 　牛腱 300 克、大番茄 1 顆、西洋參 4 錢、當歸 3 錢、蔥 1 根、
　　　　　　　薑數片。

· 調 味 料 · 　鹽 1/4 小匙。

· 做　　法 · 　1. 牛腱、大番茄洗淨切塊（牛腱油脂較多，可適度切除），
　　　　　　　　　蔥洗淨切段，西洋參、當歸洗淨備用。
　　　　　　　2. 牛腱放入鍋中以中火炒至表面變色，加入一半的蔥段炒香。
　　　　　　　3. 再加入番茄、剩下的蔥段、西洋參、當歸、薑片，並倒進
　　　　　　　　　1000 毫升的水煮滾後，轉小火燉煮 30 分鐘。
　　　　　　　4. 起鍋前加鹽調味，即可食用。

功效

番茄可健胃消食、生津止
渴、補血養血，生食性偏
寒，煮熟後則性平。而牛
肉性平，味甘，有益氣血、
補脾胃的作用。

tips

這道藥膳中，使用番茄與
油脂較豐富的牛腱一起燉
煮，可讓補養氣血的效果
加乘，也能增加茄紅素的
吸收。

tips

內臟類的食材較容易變質，所以豬肝的新鮮與否非常重要。在挑選時，要注意顏色應該呈現深紅色，表面有光澤且濕潤不乾燥，沒有奇怪的斑點或硬塊，質地飽水滑嫩，手指按壓能迅速彈起，且無異味為佳。

玉竹茯苓
菠菜豬肝湯

· 材　　料 ·　豬肝 300 克、菠菜 1 把、玉竹 3 錢、茯苓 3 錢、薑 5 片、麻油
　　　　　　少許、米酒少許、白醋 1 匙。

· 調 味 料 ·　鹽適量。

· 做　　法 ·　1. 豬肝剔除筋的部分後切成薄片狀，沖水 10 分鐘直至無血水
　　　　　　　　流出，瀝乾，用少許米酒醃 15 分鐘。

　　　　　　　2. 玉竹、茯苓、菠菜洗淨。

　　　　　　　3. 燒一鍋滾水，加入白醋，放入豬肝薄片後馬上關火，燜泡
　　　　　　　　1 分鐘再將豬肝撈出備用。

　　　　　　　4. 鍋中加入麻油，以小火爆香薑片，再將薑片、玉竹、茯苓放
　　　　　　　　進湯鍋中，加水 1000 毫升大火煮滾後，轉小火燉煮 15 分鐘。

　　　　　　　5. 在上述的鍋中加入撈出備用之豬肝及洗淨之菠菜，煮至水
　　　　　　　　滾 30 秒就可熄火，加入適量鹽調味即能起鍋。

· 注意事項 ·　豬肝先用滾水燙過，可以避免煮湯時，湯中有濁濁的浮沫。
　　　　　　而因為煮久容易老，所以要使用滾水快速燜泡，保持其鮮嫩
　　　　　　的口感。

功效

懷孕時，寶寶的鐵質皆來自母體，所以，孕媽咪所需的鐵為一般
人的三倍，因此，產後的媽媽更應該注意補充流失的鐵質。此道
藥膳中，豬肝及菠菜皆為補血及補鐵的好食材，尤其豬肝是動物
性血鐵，吸收效果最好，產後適度補充，可以加速體力恢復，也
能增加乳汁分泌。

麻油高麗菜
松阪豬

· 材　　料 ·　松阪豬肉 300 克、杏鮑菇 3 條、老薑 1 小塊、當歸 2 片、麻油
　　　　　　　3 匙、高麗菜 1/6 顆、枸杞 1 小把、米酒 150 毫升。

· 調 味 料 ·　鹽適量。

· 做　　法 ·　1. 所有食材洗淨，松阪豬逆紋斜切片，薑、杏鮑菇切薄片。

　　　　　　　2. 薑片放入鍋中，不放油，用中火先煸乾其水分，讓香氣出來。

　　　　　　　3. 煸至薑片邊緣捲曲（3 ～ 5 分鐘）後，倒進麻油。

　　　　　　　4. 放入松阪豬肉及杏鮑菇，一起拌炒至九分熟。

　　　　　　　5. 倒入米酒及 300 毫升的水，轉大火煮滾 5 分鐘，使酒精蒸發。

　　　　　　　6. 轉小火，加入高麗菜、當歸，燜煮 15 分鐘。

　　　　　　　7. 加入枸杞、鹽，關火上蓋燜 5 分鐘，即可食用。

tips

1. 建議松阪豬肉「冷凍後，退冰一半」時做切片，比較容易切得漂亮。「斜
　切片」的方式，可以使豬肉接觸鍋子的面積較多，煎後更有口感。「逆
　紋切」則是讓豬肉吃起來更嫩！

2. 料理中加入米酒，可增強溫補之性，有哺乳的媽媽，建議食用後 4 小時
　再哺乳，此時母乳中幾乎已無殘存酒精，寶寶喝下去是很安全的。

產後第三周的
飲食調養

產後第三周，身體的脾胃機能已較為健全，所以，可在補養脾氣的基礎上，開始加入較多「養肝腎」、「補精血」的藥物，以補充孕期流失的精力。

在這個時期，也要針對媽媽「孕前體質不足」的部分，如過敏、免疫力、睡眠、腸胃等作適當調理。

需注意的是，此階段使用的藥材會開始增加補性，比較容易上火的媽媽，可先諮詢中醫師，稍加調整藥膳再服用；若有特別需要調理孕前不足體質的人，也可以請中醫師做藥材配方上的加減。

♥本周調養重點

❶ 幫助子宮、卵巢、骨盆恢復。

❷ 養肝腎、補精血。

❸ 調理孕前、孕期體質的不足。

已經到了產後的第三周，

此時是調理體質的關鍵，

可針對產前比較不足的狀況做調整。

過敏
OUT！

睡不好
OUT！

免疫低
OUT！

GOOD

首烏豬腳湯

· 材　　料 ·　　豬腳 1 隻（切塊）、何首烏（制首烏）5 錢、當歸 3 錢、桂圓 3
　　　　　　　錢、薑 4 片、紅棗 6 顆。

· 調 味 料 ·　　鹽適量。

· 做　　法 ·　　1. 所有材料洗淨備用。
　　　　　　　2. 豬腳入滾水汆燙後撈起，以開水洗去浮沫，備用。
　　　　　　　3. 所有藥材與豬腳放入鍋中，並加水蓋過豬腳和藥材，大火
　　　　　　　　　煮滾後，小火燉煮約一到一個半小時。

功效

這道藥膳使用炮製過的何首烏，又稱
制首烏。其益腎精、補肝血的效果很
好，且古書中提到，首烏可以「益血
氣，黑髭鬢，悅顏色，久服長筋骨，
益精髓，延年不老」，搭配當歸及桂
圓，適合調理產後肝腎血虛的體質。

tips

如果媽媽有皮膚癢的症
狀，可以將制首烏改成
生首烏，有較好的祛風
潤燥止癢之效。

164

竹笙干貝
烏骨雞湯

· 材　　料· 帶骨烏骨雞大雞腿 1 隻、竹笙 5 條、乾干貝 30 克、乾香菇 5 朵、
生薑 4 片、參鬚 2 錢、枸杞 1 小把、紅棗 5 顆。

· 調 味 料· 鹽適量。

· 做　　法· 1. 雞腿切塊，滾水汆燙去血水後撈起。

2. 竹笙、乾香菇洗淨，用常溫水泡軟（水保留）。竹笙將頂
部與尾部切除後切塊；乾香菇切去蒂頭，切半備用。

3. 參鬚、枸杞、紅棗、干貝洗淨。

4. 將烏骨雞腿塊、竹笙、香菇、干貝、紅棗、參鬚、生薑、
泡竹笙及香菇的水一起放進鍋中，再加入適量的水。

5. 大火煮滾後，轉小火燉煮 30 分鐘。

6. 加入枸杞、鹽，再煮 5 分鐘，關火即可食用。

· 注意事項· 竹笙浸泡時間以 15 ～ 20 分鐘為佳，浸太久容易軟爛。

功效

1. 烏骨雞性平，味甘，和一般雞肉溫中補虛的功能比起來，多了補
肝腎陰血、清虛熱的作用。而干貝可滋陰補腎、調和腸胃，搭配
烏骨雞，補而不燥不膩，是一道很棒的料理。

2. 竹笙是一種真菌，有補脾肺之氣、滋補強壯的功效，其口感清爽
好吃，也是我很喜歡的食材之一。

166

補骨菇菇
排骨湯

· 材　　料 · 補骨脂 3 錢、杜仲 5 錢、當歸 2 錢、紅棗 6 顆，鴻喜菇、雪白菇適量，枸杞 1 小把，豬腹脅排切塊 500 克。

· 調 味 料 · 鹽適量。

· 做　　法 ·
1. 藥材、菇類洗淨；菇類剝小朵，補骨脂、杜仲、當歸、紅棗裝入小袋中。
2. 豬腹脅排塊滾水汆燙去血水後撈起。
3. 湯鍋中放入汆燙過的豬腹脅排塊及所有藥材，加入 1000 毫升的水煮沸後，轉小火燉煮 30 分鐘。
4. 加入枸杞、鹽、鴻喜菇、雪白菇煮 5 分鐘，關火即可食用。

功效

補骨脂性溫，味辛、苦，有溫補脾、腎陽氣的功能，並兼有收斂、固澀的效果，可以改善腎陽氣不足的腰膝冷痛、頻尿、漏尿等。許多媽媽在產後有容易漏尿、頻尿及腎虛體弱的症狀，補骨脂是一味很適合的藥物。

牛蒡
女貞子雞湯

・材　　料・　牛蒡約15公分、女貞子3錢、當歸2錢、參鬚1錢、枸杞1小把、
　　　　　　薑6片、帶骨大雞腿1隻。

・調 味 料・　鹽適量。

・做　　法・　1. 藥材、雞腿洗淨；女貞子、當歸、參鬚放入小袋中。

　　　　　　2. 牛蒡皮富含營養和藥性，所以不需將其削除。清洗時，先
　　　　　　　 洗掉表皮的土，再用刀背或乾淨菜瓜布輕輕刮去表皮即可。
　　　　　　　 完成上述步驟後，再將牛蒡切成薄片。

　　　　　　3. 雞腿切塊，滾水汆燙去血水後撈起。

　　　　　　4. 湯鍋中放入汆燙過的雞腿、牛蒡片及所有藥材，加入1000
　　　　　　　 毫升的水煮滾後，轉小火燉煮30分鐘。

　　　　　　5. 加入枸杞、鹽，關火上蓋燜5分鐘，即可食用。

功效

女貞子性平，味苦，入肝、腎經。《本草備要》提到其有「益肝腎，
安五臟，強腰膝，明耳目，烏鬚髮」的功效，很適合肝腎陰血虛、
體質平和不寒或是些微有虛火的媽媽入藥膳食用。

牡蠣黃耆
豆腐湯

· 材　　料 ·　鮮蚵 200 克、嫩豆腐 150 克、黃耆 2 錢、生薑 1 小塊、青蔥 1 支。

· 調 味 料 ·　鹽、香油適量。

· 做　　法 ·　1. 鮮蚵洗淨，瀝乾水分；黃耆洗淨。

　　　　　　　2. 豆腐切小塊；薑洗淨切絲；蔥洗淨切蔥花（分成蔥白及蔥
　　　　　　　　　綠）。

　　　　　　　3. 起油鍋，爆香蔥白，將蔥白、薑絲、黃耆放入湯鍋中，加
　　　　　　　　　入 800 毫升的水大火煮滾。

　　　　　　　4. 湯汁煮滾後，放入豆腐，煮至沸騰，再煮 15 分鐘。

　　　　　　　5. 加入鮮蚵，待再次煮滾即可關火。

　　　　　　　6. 以鹽、香油調味並撒上蔥綠即可食用。

· 注意事項 ·　鮮蚵稍用水沖即可，不必過度清洗。

功效

牡蠣有滋陰養血、補肝腎的效果。與同樣是帶殼類海鮮的蛤蜊來比
較，其補養腎精的作用又更好，以現代營養學來看，牡蠣富含鋅及
鐵，也是產後補充荷爾蒙和補血的好食材。

桑寄生雞湯

· 材　　料 · 桑寄生 4 錢、當歸 2 錢、續斷 3 錢、紅棗 6 顆、帶骨大雞腿 1 隻。

· 調 味 料 · 鹽適量。

· 做　　法 ·
1. 藥材洗淨。
2. 雞腿切塊，滾水汆燙去血水後撈起。
3. 湯鍋中放入汆燙過的雞腿及所有藥材，加入 1500 毫升的水大火煮滾後，轉小火燉煮 30 分鐘。
4. 起鍋前加入鹽調味，即可食用。

功效

媽媽在懷孕時，肝腎的氣血會持續供給寶寶作為能量，如果產後沒有好好補足，來日容易有腰痠、筋骨痛等症狀。桑寄生及續斷有很好的補肝腎、養血、強筋骨之功效，月子期做藥膳食用，可以預防未來因腎虛不足所導致的腰痠、腿軟。

歸耆蒸蝦

· 材　　料 ·　中型草蝦 12 ～ 15 尾、當歸 1 片、黃耆 2 錢、紅棗 6 顆、枸杞
　　　　　　　1 小把。

· 調 味 料 ·　1 匙米酒、鹽適量。

· 做　　法 ·　1. 藥材洗淨，用 150 毫升熱水浸泡 15 分鐘。

　　　　　　　2. 蝦子剪去蝦鬚，開背去除腸泥。

　　　　　　　3. 將蝦子擺入蒸盤中，再將藥材連同浸泡的熱水一起倒入。

　　　　　　　4. 加入 1 匙米酒、鹽適量。

　　　　　　　5. 放入電鍋中，外鍋加半杯水。

　　　　　　　6. 待開關跳起，取出來加 1 小匙香油，即可食用。

功效

蝦子性溫，味甘，入肝、
腎經，有補腎、益精血、
增強記憶及腦力的功能，
且蝦肉脂肪少、蛋白質
高，為優良蛋白質來源，
並可增加乳汁分泌，適合
產後調補身體使用。

tips

1. 如果媽媽有皮膚瘙癢的症
　狀，因蝦子屬於「發物」，
　請諮詢中醫師後再食用。
2. 蝦頭膽固醇高，建議孕媽咪
　在食用時，只吃蝦肉即可。

桂麻煮蛋

· 材　料 ·　蛋 3 顆、桂圓（龍眼乾）20 克、老薑 1 小塊、黑麻油 4 匙、水 100 毫升。

· 調味料 ·　紅糖 1 大匙。

· 做　法 ·
1. 桂圓稍用熱水泡開後切碎。
2. 老薑切小塊末狀。
3. 蛋打散，加入 1 大匙紅糖攪拌均勻。
4. 鍋中倒入麻油，以小火爆香薑末後，放進碎桂圓翻炒。
5. 在步驟 4 中加入打散的蛋，輕輕翻炒成塊狀。
6. 再倒入 100 毫升的水，煮 2 分鐘後即可關火起鍋食用。

功效

許多媽媽產後有心血、心氣不足的現象。心血不足則心神失養，容易產生心悸、失眠、焦慮、心神不安等症狀，心氣虛則會疲倦、出虛汗。而桂圓性溫，有補心脾、養血、安神的功效，可以改善產後心神不寧、失眠等種種不適。

tips

本道藥膳使用麻油配老薑及紅糖，較為溫補，適合血虛、虛寒的媽媽食用，若是體質較燥熱者則請酌量，以免上火。

產後第四周的飲食調養

在產後第四周，我們會使用較多補腎、填精益髓的藥材，以固本培元，並補充鈣質及膠質。

一方面，調養孕期因鬆弛素作用而鬆散的筋骨，預防腰背痠痛及骨質疏鬆。另一方面，持續調養媽媽的體質，讓我們有足夠的體力，應付照顧小寶寶的日常生活，也幫助減緩產後掉髮。

♥ 本周調養重點

1️⃣ 滋補肝腎，防止腰痠背痛。

2️⃣ 強壯筋骨，預防骨質疏鬆。

3️⃣ 持續調養體質、增強體氣。

4️⃣ 減緩產後掉髮。

腰果蝦仁

· 材　料 ·　蝦仁 300 克、蜜汁腰果 100 克、少許蒜末和蔥段。

· 調 味 料 ·　鹽八分之一小匙、太白粉二分之一小匙、米酒一小匙。

· 做　法 ·　1. 將調味料混合製作成醃料。

　　2. 蝦仁洗淨，去腸泥，擦乾水分，以調製好的醃料混合均勻
　　　 醃 20 分鐘。

　　3. 燒一小鍋熱油，將蝦仁放入油鍋中過油 40 秒，迅速撈起，
　　　 避免過老。

　　4. 步驟 3 的鍋中留一點油，將蒜末、蔥段爆香，再加入蝦仁
　　　 和蜜汁腰果快速拌炒，起鍋即可食用。

功效

腰果可補腦補腎、健脾、潤肺。
以中醫「以形補形」理論而言，
其形似腎，有補腎之功。在臨
床上，也確實有不錯的補腎作
用，搭配蝦仁效果更好。

tips

腰果及蝦仁皆屬於發物，如
果媽媽有皮膚瘙癢的症狀，
請諮詢中醫師後再食用。

黑豆杜仲鱸魚湯

· 材　　料 ·　鱸魚 1 條切塊、黑豆 50 克、杜仲 3 錢、陳皮 1 小片、薑 3 片。
· 調 味 料 ·　鹽適量。

· 做　　法 ·　1. 鱸魚、杜仲、陳皮洗淨。

2. 黑豆洗淨，前一天先浸泡一晚，至豆子脹開（黑豆水請保留）。

3. 燒一油鍋，放進鱸魚塊，煎至兩面金黃。

4. 將煎好的鱸魚塊與杜仲、陳皮、薑放入湯鍋中，倒入黑豆和黑豆水，加入適量開水，大火煮滾後，再用小火燜煮 20 分鐘至黑豆軟爛，食用前以鹽調味即可。

功效

黑豆有補腎益陰、健脾消腫利濕的功能，能夠調理產後脾腎兩虛的體質。除此之外，它也具有發奶效果，和蛋白質豐富的鱸魚一起食用，可以增加乳汁分泌。

通草玉米排骨湯

· 材　　料 · 排骨 500 克、玉米 1 根、通草 2 錢、黃耆 2 錢、黨參 2 錢、紅
棗 5 顆、枸杞 1 小把。

· 調 味 料 · 鹽適量。

· 做　　法 · 1. 排骨滾水汆燙去血水後撈起。

2. 藥材洗淨，玉米洗淨切塊。

3. 湯鍋中放入汆燙過的排骨、玉米塊、通草、黃耆、黨參、
紅棗，加入 1200 毫升的水大火煮滾後，轉小火燉煮 30 分
鐘。

4. 加入枸杞、鹽，再煮 5 分鐘，關火即可食用。

功效

在月子第四周，媽媽的奶量已經逐漸增加，此時，除了提供乳
汁足夠的營養，維持乳腺的暢通、避免塞奶也是很重要的。這
一道藥膳，用黃耆、黨參、紅棗來調補媽媽的氣血，增進乳汁
化生，並加入通草，加強疏通乳腺的效果，很適合產後奶量較
少的媽媽食用。

tips

1. 此道藥膳溫補性較強，體質偏熱或陰虛火旺的媽媽較不宜食用。

2. 如果媽媽有口渴、煩躁、身熱、潮熱盜汗等症狀，或是感染、傷口尚未癒合，
   建議諮詢中醫師是否可服用。

當歸生薑羊肉湯

·材　　料· 帶皮羊肉 300 克、當歸 6 錢、生薑 10 片（薄片）、枸杞 1 小把。

·調 味 料· 鹽、麻油 1 小匙。

·做　　法· 1. 帶皮羊肉切塊。

2. 薑片放入鍋中，不放油，用中火先煸乾其水分，讓香氣出來。

3. 煸 5 分鐘後，倒進一小匙麻油。

4. 加入羊肉塊拌炒，使羊肉表面略熟。

5. 將羊肉、薑片、當歸放進鍋中，加入 1000 毫升的水大火煮滾後，轉小火燉煮 40 分鐘。

6. 加入枸杞、鹽，關火上蓋燜 5 分鐘，即可食用。

功效

1. 在古代，當歸生薑羊肉湯其實是一道醫療用的藥方，可以治療婦女產後血虛、虛寒所產生的腹中冷痛、脅肋痛、手足冰冷等症狀。

2. 羊肉性熱，味甘，是最補益陽氣的肉類之一，古代醫家曾言：「羊肉甘熱，能補血之虛，有形之物也，能補有形肌肉之氣」。所以其不但補血也補陽氣，最適合病後、產後、年老陽氣虛弱而體寒的人食用。

3. 除了加入羊肉、當歸補血補陽氣之外，藥膳中使用生薑來散寒，也適合血虛體寒的媽媽在冬天做調補。

黃精枸杞雞湯

· 材　料· 帶骨大雞腿 1 隻、黃精 4 錢、何首烏 3 錢、枸杞 1 小把、紅棗 5 顆、薑 3 片。

· 調味料· 鹽適量。

· 做　法· 1. 雞腿切塊，滾水汆燙去血水後撈起。

2. 黃精、何首烏、枸杞、紅棗洗淨。

3. 雞腿塊、何首烏、黃精、紅棗放入鍋中，加入 1200 毫升的水大火煮滾後，轉小火燉煮 40 分鐘。

4. 加入枸杞、鹽，關火上蓋燜 5 分鐘，即可食用。

功效

1. 黃精性平，味甘，有滋腎潤肺、補脾益氣之效。《證類本草》中提到它「久服輕身，延年不饑」，適合脾胃虛弱、食慾差，或是有肺腎氣陰不足、慢性久咳的人服用。作為日常虛勞體質的調補藥材，也有不錯的效果。

2. 搭配何首烏，則可以加強填精益髓的功能。

芝麻紫米百合粥

第四周

避免掉髮、白髮

改善便祕也有效

· 材　　料 ·　黑芝麻粉 1 杯（黑芝麻也可以）、紫米 0.8 杯、圓糯米 0.8 杯、
　　　　　　乾百合 1 顆。

· 調 味 料 ·　冰糖適量。

· 做　　法 ·　1. 紫米、圓糯米洗淨，以開水泡 3 小時後，瀝乾。
　　　　　　2. 乾百合洗淨，泡熱水 10 分鐘。
　　　　　　3. 黑芝麻粉、紫米、圓糯米與部分浸泡的水一起加入調理機
　　　　　　　　中打碎成糊狀（打得越細，吃起來越滑順好吃）。
　　　　　　4. 置入鍋中，以小火煮滾後，加入百合、適量冰糖，煮 1 分鐘，
　　　　　　　　即可起鍋食用。

· 注意事項 ·　煮此道料理時，可依個人喜好加入適量開水，煮的時候需時
　　　　　　時攪拌，避免燒焦黏鍋。

功效

臨床上，芝麻能促進乳汁分
泌，並有補肝腎、潤五臟、明
耳目、烏鬚髮的效果，很適合
產後哺乳媽媽食用。另外，對
於血不足無法潤腸的便祕，亦
有養血潤腸通便的效用。

tips

芝麻炒過後再料理，味道會
更香，不過也會增加燥性，
體質比較燥熱的媽媽，食用
未炒過的芝麻較為適合。

產後四階段調養，
在月子中心怎麼吃？

「蔡醫師，月子中心的藥膳菜單適合我嗎？」

很多媽媽生完寶寶後，都選擇住在月子中心，一來吃住都包辦，不用打掃、洗衣，二來月子中心通常有護理師、醫師巡視，媽媽或寶寶身體有不適、或是新手媽媽有寶寶照顧、哺乳的問題，很快地就可以獲得照護與解答；此外，因為有 24 小時的育嬰室幫忙照顧寶寶，媽媽產後也可以放心的休養。

不過，功課做得比較足的媽媽會發現，月子中心的菜單是每個人都一樣的，並沒有細分產後第一週到四週的不同，所以，很多我的患者朋友，在坐月子的時候，會請家人帶著月子中心的菜單來診間問：

這些藥膳可以吃嗎？媽媽體質比較燥熱、產後盜汗比較嚴重，吃了幾天月子中心的藥膳，好像沒有改善反而症狀變嚴重了？藥膳是否要先停止呢？

因為月子中心的菜單每天是固定的，而每個媽媽住進月子中心

的時間不同，當天的藥膳並不一定適合媽媽當下的體質。舉個例子來說：今天的藥膳是當歸何首烏雞湯，這是一道益精補血的藥膳，較適合在產後第三、四周調補身體，如果媽媽剛好是產後第三週的階段，這會是一道適合的料理；而如果是剛生產完的媽媽，則有可能因為脾胃尚未恢復，吃了藥膳後覺得腸胃不適或產生上火的症狀。

此外，月子中心的藥膳料理，大多會考慮到多數媽媽會喜歡的口感，使用的藥物比較局限於「味道好」的藥材，許多藥膳的中藥濃度通常也較淡，有時候不一定達得到好的調理效果。

那麼，住月子中心的媽媽們要怎樣才能同時兼顧體質調理呢？我通常會建議媽媽們這樣做：

1. 諮詢您的中醫師

通常在住進月子中心時，可以拿到一份當月菜單，由於每間月子中心的藥膳料理都不同，媽媽可以跟您的中醫師討論這份菜單是否適合自己。

有的月子中心，藥膳料理比較清淡，可以在月子中心的藥膳外，加入本書中的產後藥膳料理（或依自己的中醫師建議）。

「體質較燥熱」的媽媽，中醫師可能會建議您，月子中心菜單中，哪幾道溫補性質較強藥膳先不要喝，或為您開立一些滋陰、涼補的替代藥膳。

「脾胃較為虛弱」的媽媽，中醫師可能會先請您不要喝太過滋膩的藥膳，只喝調養脾胃氣血的藥膳，等到脾胃功能恢復後，再慢慢加入補性較強的湯藥。

「有其他各式症狀」，如便秘、皮膚癢、頻尿、惡露不盡…等等症狀的媽媽，也務必跟您的中醫師討論，如何服用藥膳及是否需要加入額外的藥材調理，避免越吃越不舒服。

2. 月子中心的藥膳，只吃料、不喝湯

有些媽媽，體質需要依照產後四週較精準的調養，不適合食用月子中心的藥膳料理。我會建議吃月子中心的藥膳時，可以食用藥膳中的肉、魚、蔬菜…等食材，但不要喝湯。因為中藥的成分多數會在湯裡面，不喝湯，可以避免食用到具有藥性的部分，但是又可以攝取到了料理中的蛋白質及蔬菜。

「產後四階段調養湯」的部分，可以另外請家人照本書的食譜煮好（或依自己的中醫師建議），送到月子中心內給媽媽做飲用。

這個方法，一方面不會浪費月子中心的食物，一方面可以做到較精準的的產後階段式調理。

3. 沒有空煮產後四階段調養湯？

　　平常家人沒空幫忙煮藥膳，產後又想要待在月子中心做休養，也想要兼顧產後四階段調養，要怎麼辦呢？

　　現在中醫診所都有將水藥製作成真空包的機器技術，媽媽只要在產前讓中醫師瞭解您的體質，生產之後，跟您的中醫師討論身體狀況，診所通常都可以為您客製化設計產後四階段的調養湯，以真空包裝的方式讓媽媽每日服用。

　　這種方法不但節省了煮藥膳的時間，免除了採買藥、食材的麻煩，讓媽媽及家人可以多點時間休息、和寶寶相處，又可以讓身體得到精準的調養，是近幾年來，我們很多患者媽媽會選擇的調養方式。

Chapter
— 04 —

坐月子常見問題及
迷思大解密

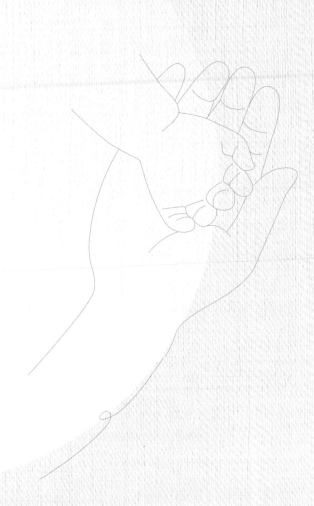

坐月子可以更「人性」！

鏡頭拉到 30 年前的夏天，一個剛生完寶寶、正在家中坐月子的年輕媽媽，滿身大汗、頂著油油的頭髮……她已經 3 個禮拜沒洗頭了。

每天臥床，只要下床走路超過 15 分鐘，就會被長輩勸回房間躺著。

長輩也勸她不能喝水，只能喝米酒水、黑豆水，否則肚子會變大；不能吃蔬菜、水果，因為太「寒」了，只能喝八珍湯、十全大補湯…等溫熱性的補湯。

這也許是上一輩或是上上一輩習慣的坐月子方式，然而，現在的我們，已經不需要這麼做了。

因為生活條件、科技的進步，加上對月子儀式背後的意義有更深入的了解，我們可以選擇更輕鬆、更人性、對媽媽也更溫柔的方法來渡過這產後一個月。

坐月子的聰明喝水法

產婦每天要喝「體重×35」的水量。

　　長一輩的人流傳著這樣的傳言：坐月子不能喝白開水，不然產後的大肚子會消不下去。

　　雖然這個觀念是錯誤的，但卻有它背後的理由存在。為什麼呢？

♥ 水喝太多，容易肥胖

　　產後，我們脾、腎還處於很虛弱的狀態，如果喝「過量」的水，超過脾腎的負荷，容易使脾陽、腎氣更加虛耗。「脾失健運」的結果，就是對於痰濕的代謝功能不佳，脂肪容易累積在腹部，肚子比較容易肥胖；「腎氣消耗」則會讓生殖系統、泌尿系統虛弱不振，體力也不容易恢復。

　　所以，坐月子當然可以喝水，不過要喝「適量」的「溫」開水，不可喝生冷的水。

❤ 喝太少，小心塞奶

產後正值媽媽要產乳的時候，如果水喝得不夠多，容易影響乳汁分泌，甚至造成塞奶、乳腺炎的情形。曾經有媽媽，因為月子期間不敢喝水，寶寶喝奶量又大，來就診時，已經有口乾、精神煩躁、尿量少⋯等輕微脫水的症狀，媽媽們必須要小心。

❤ 喝得不夠多，水腫反而不易排除！

我們的身體是一個流動的系統，「新的水分」喝進來，經過脾的運化、分配到身體各處，並帶動水分排泄系統，「舊的水分」才容易排出去。

如果喝的水分不夠多，會使得產後水腫（也就是舊的水分）不容易消除，此時，身體「細胞間隙」堆積了很多舊水分，但這些水分並沒有辦法滋潤我們的五臟六腑，所以媽媽會覺得身體水很多，又腫又沉重，但是卻又很口渴。

❤ 月子期喝多少水才夠？

產後建議每天攝取水分的量，大約是 **35 乘以體重**，再加上母奶分泌的量。喝的時候，小口喝，讓水在口內達到潤喉的效果，再慢慢吞嚥下去。

例如仁妤醫師體重為 53 公斤，每天擠出 800c.c 母乳，每日攝取總水量為 53×35+800=2655c.c 水分。（總水量為每天攝取的湯、白開水、飲料加起來的量）

❤ 中藥飲品利水腫

若媽媽不喜歡喝水，可以適度用少量的觀音串、黑豆、桂圓等煮水喝。也可請中醫師調配健脾利水的中藥茶飲代水飲用，以幫助水腫排除。

米酒水，喝？不喝？

米酒水不能日常飲用，必須用「燉補」方式加強療效。

　　米酒水就是「將米酒加熱沸騰，使大部分（95%）酒精蒸發，剩下的水（其中含 0.5 ～ 1% 的酒精）」。

♥ 別把米酒水當水喝

　　古時產婦使用米酒水是有其時空背景的。在古代，水的來源多是地下水或井水，生菌數及雜質較多，而產婦產後「百脈空虛」，擔心受到感染或喝到不乾淨的水，才想出製作米酒水給產婦飲用的方法。

　　而在現代，自來水已經普及，大多數人家中也有過濾器，不需要擔心水質的問題，米酒水也因為仍有少量酒精殘留，並不適合拿來做產後日常飲用。

❤ 燉補可以加強藥效

那什麼時候要用米酒水呢？有些中藥在燉煮時，會需要少量酒精做「藥引」，幫助藥效釋出，此時，如果擔心加一般米酒煮湯會有較多的酒精殘留，可以直接使用米酒水來燉補湯，一方面增加藥效，一方面不用擔心補湯內有過多酒精。

米酒水可以在台灣菸酒公司買到，也可以在家自己備置，方法是將三瓶米酒煮沸，再小火加熱，煮到剩一瓶量的米酒水即可。因為經過沸騰後，95% 的酒精會蒸發，所以米酒水的酒精濃度大約剩 0.5 ～ 1%。

❤ 間隔 4 小時，哺乳媽媽也 OK ！

哺乳的媽媽若飲用米酒水燉成的補湯，可以間隔 4 小時後再哺乳，此時酒精已經代謝掉，不需要擔心會影響胎兒。

預防月內風！洗澡洗髮有訣竅

用「吹風機」吹穴位，可避免頭痛。

　　民間流傳著產後不能洗澡洗頭的習俗，我第一胎時，曾秉持著試驗的精神，嘗試不洗頭三天，結果第四天就因為頭髮油膩到睡不著，影響作息及哺乳。

♥ 產後洗頭，頭痛一輩子？

　　古時候由於生活環境不佳，水中細菌病毒多，產後如果傷口尚未癒合就沐浴洗澡，容易造成傷口感染。

　　此外，產後身體處於經脈空虛、骨節毛孔鬆散的狀態，如果洗完頭濕濕的沒有馬上吹乾，很容易使風邪入侵，產生「月內風」病症，出現頭痛、關節痠痛、免疫力降低、怕冷怕風……等症狀。

💜 吹風機吹穴位，預防月內風

　　其實，在現代，環境、水質、保暖設備都較齊全，洗完澡只要馬上擦乾身體、吹乾頭髮，不必過於擔心會有「月內風」的情形。

　　這邊也提供一個小撇步，較怕風的媽媽，在吹完頭髮後，可以順便用吹風機吹頭頸部的雙側「太陽」、「風池」、「風府」穴各 30 秒，再沿著頸部膀胱經左右各吹 10 次，可以預防風邪入侵，產生月內風症狀。

吹風機吹頸後

太陽穴 ——
風池穴 ——
風府穴 ——

沿著頸部的 3 個穴位吹

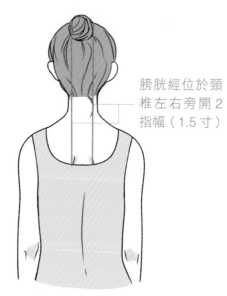

膀胱經位於頸椎左右旁開 2 指幅（1.5 寸）

沿著頸部膀胱經吹

❤ 洗個好澡，坐個好月子

建議媽媽，在顧好傷口、保暖的前提下，「產後 24 小時」就可以淋浴，因為生產時出力會使身體流許多汗，此時沐浴可以讓媽媽的身體保持乾淨、心情放鬆，對於睡眠跟之後的哺乳都有正面的效果。

❤ 不可泡澡，避免感染

不管是自然產或是剖腹產，身上都有傷口，在傷口癒合前，洗澡都必須採「淋浴」，不可以盆浴或泡澡，避免傷口感染。

洗澡時，也要避免用水直接沖傷口，以免刺激傷口發炎或感染。剖腹產的媽媽則需在傷口貼上防水貼布再沐浴。

❤ 冬天洗澡不用怕，驅寒中藥入浴效果好

在冬天生產或是體質較寒、較怕冷的媽媽，可以搭配祛風寒、溫通經絡的中藥，如大風草、生薑、桂枝、防風、艾草、雞血藤等煮水入浴（仍是使用淋浴，並非泡澡哦），有溫通血路、驅風散寒的效果。

坐月子也要「動」！

長期躺臥易造成肌肉流失，
月子期也要適度動一下

　　很多人以為坐月子就是必須要坐著或躺著休息，最好不要起來走動，不過你知道嗎？「只要躺著超過一天以上，肌肉就開始萎縮，功能開始下降。」

❤ 為什麼躺越久越累？

　　根據研究，臥床一周，肌肉的能力會下降 20%；臥床一個月，肌肉能力下降 50%。

　　肌肉的代謝率是脂肪的 3.6 倍，一旦肌肉萎縮，身體的基礎代謝力會大幅下降，不但容易變胖，肌肉萎縮也會使得力氣不夠，脾氣不足，這也是

為什麼許多媽媽在坐完月子，發現自己反而更容易累，就是因為臥床太久的關係。

❤ 自然產、剖腹產的下床活動時間

◆ **自然產**：生產後隨時可以下床活動。一周後可以開始簡單的運動。

◆ **剖腹產**：待麻醉退後即可下床活動，若覺得不適則最慢隔兩天要下床活動。兩周後可以開始簡單的運動。

不管是自然產或剖腹產，第一次下床，必須有家人或護理人員陪伴協助，以防止跌倒。

❤ 最晚產後 48 小時要開始活動

建議最晚「產後兩天」就要開始適度的活動，肢體的活動不但能使身體氣血循環順暢，幫助惡露排出，且能促進腸胃排泄功能，改善便祕脹氣情形。

長時間躺臥在床，反而會使子宮及傷口的瘀滯不易散去，而要注意的是，活動時仍需小心，勿拉扯到傷口，也要避免蹲姿及長時間行走。

Q5

坐月子，外出怎麼穿？

以「不受寒，不流大汗」為原則來穿衣就沒錯。

曾有媽媽在月子期間跟月子中心請假來看診，當時正值盛夏，這位媽媽因為長輩叮嚀，全身都要包起來不能吹到風，所以長袖、長褲、外套、帽子、口罩一應俱全，來看診的時候，全身大汗淋漓……。

♥ 產後容易出虛汗

產後媽媽因為脾、肝、腎虛弱，加上毛孔鬆散，身體很容易出虛汗，而虛汗一出，又吹到風，就很容易受涼。所以我們在衣著上，儘量以「不受寒、不流大汗」為原則。

♥ 冬天：避開風大、下雨的天氣

若是寒冷的冬天，並不建議常常出門，若非得要出門的話，必須儘量

避開下雨、風大的天氣，因為下雨或風大的天氣，風、寒、濕邪三者交雜，很容易入侵產後百脈空虛的身體，不但容易感冒（月子期間感冒必須跟寶寶隔離，所以務必儘量避免感冒著涼！），也容易日後有關節痠痛、頭痛、經痛、手腳冰冷、免疫力差的遺患。

衣著方面，除了注意保暖，帽子、圍巾、口罩三者都必須穿戴，避免風寒由頸部及肺部進入。

♥ 夏天：預防中暑及大汗

若是夏天，反而建議媽媽出門不需要將自己包緊緊的，過於悶熱會使身體更容易出汗，不但容易中暑，吹到冷氣更容易著涼。

包住肩膀的薄短袖或五分袖，加上薄長褲是最適合夏日的衣著。

冬天穿著　帽子　圍巾　口罩

夏天穿著　薄短袖　薄長褲

產後馬上吃麻油雞？
小心「出血」及「虛不受補」

若出現上火、噁心、腸胃不適，就必須小心！

❤ 麻油其實是涼性的食材？

生麻油味甘，性微涼，有「消炎散腫」、「解毒」、「潤腸」、「幫助子宮收縮」的效果。生麻油其實是偏寒的食物，但是因為大部分麻油料理會加入米酒、薑一起煮，所以就變成是偏燥熱的。

❤ 產後脾胃虛弱＋麻油雞＝上火＋腸胃不適

麻油雞對於體質虛寒的人，是一道很好的補品，但因為料理中的麻油會促進子宮收縮，米酒也有行血的作用，二者並不適合產後第一周傷口尚未癒合的時候服用，如服用較多，可能會有傷口出血的風險。

此外，麻油雞油分較多，也不適合產後第一周，腸胃功能尚虛弱的時

候做進補，如果貿然服用，可能會有「虛不受補」的狀況出現，也會容易出現上火及腹脹、噁心等腸胃不適的狀況。

♥ 產後2～3周開始漸進式食用

因為每個媽媽的體質不同，適合吃麻油雞的時間也不同，一般建議產後2～3周再開始食用含麻油的藥膳。烹調時，建議從少量麻油開始，避免造成腸胃不適的狀況。

♥ 如果覺得燥熱，必須減少薑的用量

麻油炒過會增加熱性，如果媽媽食用麻油雞會有燥熱的感覺，料理方式可以改成不用麻油炒薑，而是直接將麻油加入湯中，減少「炒」的動作，就可以降低麻油的燥熱性質；此外，也可以減少薑的用量，避免上火。

如何預防產後掉髮？

掉髮分為好幾種類型，看看你屬於哪一種？

♥ 「生理性」產後掉髮＝正常掉髮

每個媽媽在「產後 3~7 個月」都會經歷一陣正常的掉髮期，稱作生理性產後掉髮。懷孕時，胎盤會分泌大量的雌激素，雌激素可以延長頭髮的生長期，讓本來應該要進入休止期、掉落的頭髮繼續生長，所以到懷孕後期，媽媽會覺得頭髮特別濃密茂盛，就是因為懷孕時，許多該掉落的頭髮生長期被延長之故。

生產後，體內的雌激素會急速下降，那些在孕期該掉卻沒有掉的頭髮，會在產後進入休止期，進入休止期的頭髮，在三個月後會開始掉落。這個時期，每天的掉髮在 100~300 根左右，都是正常的，媽媽可以不用擔心，而這樣的落髮大約會維持三個月左右，一般在**產後六到七個月，掉髮就會減緩**。

♥ 產後虛勞、失血過多的掉髮

中醫有句話是這麼說的：「髮為血之餘。」所謂的餘，是多餘的意思。

我們身體的氣血，大部份是拿來供給人體日常運作所需，如果有多餘的，才會拿來供給頭髮的生長。如果氣血不足，連拿來提供日常生活的運作都不夠，就沒辦法濡養身體毛髮，許多毛囊會處於休止期進而掉落，新生的頭髮也容易生長不良。

女性從懷孕、生產、到哺乳，照顧新生兒，整個過程都會消耗媽媽的氣血，如果體質本來就比較弱，或生產時失血較多，或月子坐不好、過度勞累，都有可能造成氣血不足而落髮較多的狀況，所以中醫強調產後坐月子、補氣血、養身體，對於預防產後掉髮是非常有益的。

♥ 產前焦慮、產後憂鬱型掉髮

「壓力」、「緊繃的情緒」會使身體分泌壓力荷爾蒙，這類型的荷爾蒙也會使頭髮進入休止期而掉落。

在現代，女性的壓力來源多到數不清，工作中、家庭上、夫妻間，加上懷孕生理的不適及對於生產、產後未知性的恐懼，很多媽媽在產前就會產生焦慮的症狀；生產後，壓力又更大了；母愛的天性，驅策我們要無微不至的照顧寶寶，要求自己要追奶，在寒冷的冬夜中斷睡眠餵奶擠奶，種

種對自己的要求，都在無形中使情緒、身體緊繃的狀況更加嚴重。除了壓力荷爾蒙增加外，自律神經失調也會使得氣鬱不行，造成氣血不順暢，頭皮緊繃，毛囊細胞生長困難。

　　如果發現自己常常處於情緒低落、焦慮、失眠或是有莫名哭泣的症狀，請馬上求助於專業的醫療人員，不管中醫、西醫、或是諮商師，都是很好的就醫對象。也請媽媽相信，就算不餵母奶、不時時跟寶寶相處，你還是最棒、最愛寶寶的媽媽。若因為情緒上的壓力而出現壓力型掉髮，也不用過度擔心，只要壓力、焦慮的狀況緩解，頭髮都會長回來的。

♥ 頭皮油脂冒不停──濕熱型掉髮

　　孕前屬於濕熱或燥熱型的體質媽媽，若產後服用補性較強、較滋膩的藥膳，或是睡眠不足，容易使濕熱之氣上炎至頭部。我們可以想像，這時候濕氣加火氣，就像是蒸籠中一直向上冒的蒸氣一樣，在濕熱的影響一下，頭皮出油、脫屑會增加，變得容易紅、癢，甚至會發生脂漏性皮膚炎、毛囊炎，造成掉髮。

　　如果媽媽發現自己產後臉部、頭皮出油的狀況特別明顯，有長痘痘、頭皮癢、脫屑的症狀，嘴巴容易口乾舌燥或是黏膩感，伴隨大便臭穢濕黏、小便黃，就可能身體有濕熱停滯的狀況。

這個時候，必須要停止服用補性較強的藥膳，並請中醫師檢視並適度調整月子的藥膳食譜。通常我也會視狀況加入連翹、梔子、黃芩、防風、薄荷、薏苡仁等藥物，幫助身體清熱祛濕，對於濕熱型的掉髮會有不錯的效果。

懷孕前的曼妙身材，產後完全變了樣，是媽咪會在意的事，

不過，剛生產完的筋骨都處於極度脆弱、鬆散的狀態，

不能隨意運動，請照著醫師專為產後打造的運動，

調養筋骨和恢復骨盆的位置，循序漸進。

Chapter
— 05 —

產後這樣做，
身材一樣撩人

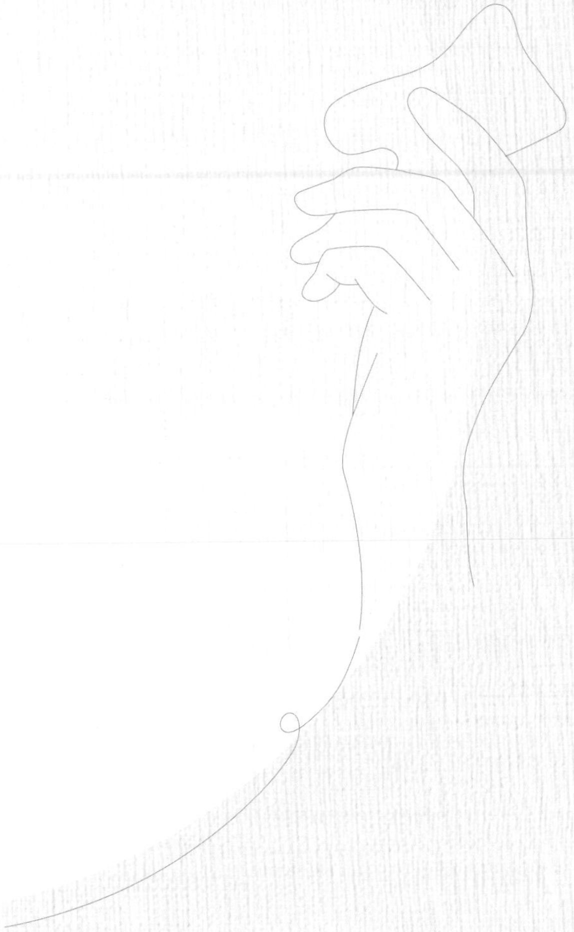

中醫的瘦身魔法：
在家就能輕鬆瘦 6 公斤

生產完沒有空運動，能瘦得下來嗎？

「蔡醫師，請問要多久，我才能瘦回懷孕前的體重呢？」

「人家說餵母奶會瘦，為什麼我越餵越胖？」

媽媽在坐完月子後，要面臨新加入小成員的瑣事，手忙腳亂是一定的。照顧小寶寶、餵奶擠奶、睡覺都來不及了，哪有時間去運動？這樣瘦得下來嗎？

懷孕期間體重增加是女性的正常生理變化，所以在坐完月子後，體重仍然比孕前多 4 ～ 7 公斤是合理範圍。以一個經絡氣血暢旺的媽媽來說，這些孕期增加的體重，應該要在產後九個月內慢慢減少，亦即十個月左右就該回到原來的樣子。

在中醫的理論，健康、平衡的身體會有自我調節的機制，也就是說，當我們的身體不再需要這些多餘的脂肪來保護腹中的寶寶時，它們應會隨著時間漸漸減少，而減少到孕前狀態的時間，正好跟我們懷孕的時間相同。

🖤 餵母奶、少吃、運動也瘦不下來，哪裡出問題？

但是，為什麼很多媽媽餵母奶、少吃、運動都瘦不下來呢？其實是因為身體自我調節的機制出了問題，即陰陽氣血失調，所以失去對多餘脂肪、水分的代謝能力。還記得我們前面提到，懷孕期間是女生身體大逆轉的時候，如果在懷孕、月子飲食、睡眠和身體的不適都沒有好好調養，那產後失衡的狀態會越發嚴重。

產後要健康輕鬆瘦的關鍵，就是得恢復身體的自癒機制，臟腑陰陽平衡，經絡氣血暢旺，才能有事倍功半之效。

🖤 恢復代謝的金三角瘦身法

在我的經驗裡，產後要順利瘦下來，且瘦得輕鬆健康，氣血、經絡、結構三者的配合缺一不可，一旦有其中一個有偏差，就容易造成產後恢復困難。

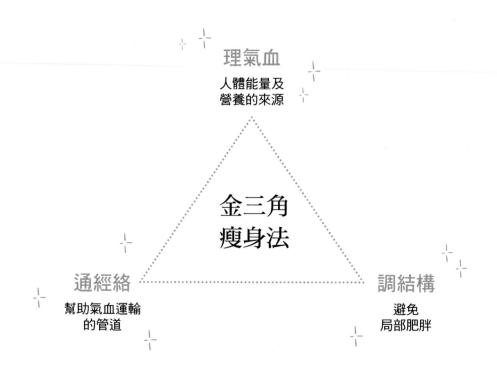

理氣血
人體能量及
營養的來源

金三角
瘦身法

通經絡
幫助氣血運輸
的管道

調結構
避免
局部肥胖

1. 氣血——人體能量及營養的來源

　　在人體，氣血、經絡、結構三者有緊密相連的關係，氣血由臟腑而生，運行於經絡之中。氣血化生不足或失衡，不但會影響到其他臟腑功能，也會影響到各個經絡的運行。

2. 經絡——幫助氣血運輸的管道

　　經絡就像是身體的水管一樣，氣血則如同在水管中流動的水，水管如

果堵塞，水無法順暢地流動，會造成氣血局部滯塞，嚴重時還會有回堵的情形，影響到源頭的臟腑。

3. 結構──避免局部肥胖

可以把人體想像成積木堆成的城堡，需要前後左右小心謹慎的堆疊，才能維持結構上的安全，如果有幾塊積木歪掉，就會影響到整體的平衡。

♥ 產後瘦身缺一不可

懷孕時，身體為了適應胎兒，產生巨大的結構性變化，包括：骨盆結構擴張鬆弛、身體重心前傾、腹部肌肉拉長、腰部肌肉變緊⋯等等。這些結構變化不但會讓產後的我們看起來比實際體重還「壯」，也嚴重影響到經絡氣血的運行。

很多媽媽都有這種感覺：已經生完小孩幾個月了，走起路來還是覺得重心怪怪的，不但背部、腰部容易肌肉痠痛、身體也常常有鬆散的感覺。這都是結構還未恢復所衍生出來的問題。

鬆散歪斜的結構，會形成局部瘀滯，阻礙經絡運行，局部代謝自然不好，就容易有局部肥胖，不容易瘦下來問題產生。

治療上，可以利用針灸、灸療、或是結構調理，調整肌肉筋膜結構，搭配伸展及肌肉訓練使整體結構歸位。

三階段調養，
讓體態自己瘦回來

接下來是針對產後三階段，所設計的氣血補養、經絡疏通、結構調整實作菜單！讓媽媽們在家裡也可以自我調理，恢復身體的自癒機制。

產後調養三階段		
第一階段	第二階段	第三階段
（產後 2 ～ 4 個月）	（產後 5 ～ 7 個月）	（產後 8 ～ 10 個月）
鞏固脾胃 補養氣血	通調三焦 排除濕氣	強化肝腎 促進代謝

第一階段

產後 2 ～ 4 月：鞏固脾胃、補養氣血

金三角第 1 招

鞏固脾胃的茶飲

01 黨參白朮甘草飲

材料・黨參 3 錢、白朮 3 錢、炙甘草 2 錢。

做法・黨參、白朮、炙甘草洗淨，以 1 千毫升的
水煮滾後，轉小火煮 10 分鐘。

用法・濾渣取汁，代水飲用。

02 黃耆茯苓大棗飲

材料・黃耆 2 錢、茯苓 3 錢、大棗（紅棗）6 顆。

做法・黃耆、茯苓、大棗洗淨，以 1 千毫升的水
煮滾後，轉小火煮 10 分鐘。

用法・濾渣取汁，代水飲用。

03 麥冬玉竹枸杞飲

材料・麥門冬 3 錢、玉竹 3 錢、枸杞 2 錢。

做法・麥門冬、玉竹、枸杞洗淨，以 1 千毫升的水
煮滾後，轉小火煮 10 分鐘。

用法・濾渣取汁，代水飲用。

通經絡補氣血

/ 動作 ① /

疏通脾胃經下半部

準備工具
刮痧板

箕門穴
血海穴
陰陵泉
三陰交

01 採坐姿,從腿部內踝開始,以刮痧板慢慢向上刮,經過三陰交、陰陵泉和血海穴時,以旋轉的方式加重按壓,到箕門穴停止。

02 換腳外側,從外側腳踝開始,沿著脛骨外側 1 ～ 2 公分處,向上刮至膝蓋下方,在足三里穴,以旋轉的方式加重按壓;再由膝蓋正上方開始,向上刮向大腿。

足三里穴
(以旋轉方式按壓)

03 左右腿各疏通 20 次。

疏通脾胃經上半部

01

左手向天花板舉起，向上延伸；右手水平向右伸直，向外延伸。深呼吸，想像腹部到胸口有一顆球，隨著呼吸氣充滿、再放鬆，維持四個深呼吸。

將左手放下平舉

03

轉回到正面，左手慢慢向下至平舉，右手仍維持向右平舉，維持四個深呼吸。

02

手維持上個步驟的動作，腰緩緩向右轉九十度，伸展左側肋骨，深呼吸，想像腹部到胸口有一顆球，隨著呼吸氣充滿、再放鬆，維持四個深呼吸。

順時鐘按摩

04

雙手交疊於胃的位置，以肚臍為圓心，順時針畫圓按摩 10 圈。

調整結構體式訓練

/ 動作 ① /

縮腹抬臀

01

採仰躺姿，雙腳曲膝 90 度，打開與肩同寬，腳板
踩地，雙手掌心朝上，置於兩側地板。閉上眼睛，
慢慢呼吸，感受脊椎及脊椎兩側的肌肉完全放鬆，
氣血順暢地流過 (此放鬆動作可維持數分鐘)。

02

完全放鬆後，深吸氣，吐氣的時候將
臀部慢慢抬向天花板，依序讓尾椎、
薦椎、腰椎、胸椎慢慢離開地板，到
最高點維持 10 ～ 30 秒，維持呼吸順
暢。慢慢讓脊椎由上而下回到地板。

03 重複以上動作 10 ～ 20 次。

Points

1. 若在執行時，覺得肌力不
   足時，不要勉強自己完成
   所有動作。
2. 若覺得骨盆搖晃不穩，建
   議在兩腿間夾個小枕頭，
   喚醒核心肌群。

/ 動作 ② /
脊椎旋轉

01

預備姿勢，身體仰臥平躺，背部貼緊，腰部不用力。膝蓋彎曲與肩同寬，再將右腳如翹二郎腿般，放至左膝上方，骨盆保持穩定不搖晃。雙手自然向兩側張開，微收緊下巴。

02

吸氣，吐氣時，慢慢從骨盆開始翻轉至右邊，轉的時候要注意，是利用腹肌的力量，慢慢將骨盆轉向，然後再轉回動作 1。接著再重複上述的動作八次。換成另一邊重複以上的姿勢。

Points

1. 若在執行時，覺得肌力不足時，旋轉幅度可變小。
2. 注意背部貼緊地面，但頭、手部放鬆。

03　重複以上循環 5 ～ 10 次。

★☆☆

第二階段

產後 5 ～ 7 個月：通調三焦、排除濕氣

金三角第 1 招

通三焦排濕氣

01 荷葉陳皮飲

材料‧荷葉 5 錢、陳皮 5 錢。

做法‧荷葉、陳皮洗淨，以 1 千毫升的水煮滾
後，轉小火煮 10 分鐘。

用法‧濾渣取汁，代水飲用。

02 山楂薏仁茯苓飲

材料‧山楂 5 錢、薏仁 6 錢、茯苓 5 錢。

做法‧山楂、薏仁、茯苓洗淨，以 1 千毫升的
水煮滾後，轉小火煮 20 分鐘。

用法‧濾渣取汁，代水飲用。

通經絡活化術

/ 動作 ① /

按壓穴位

準備工具
刮痧板

01

右手拿刮痧板，從右側
頭部眉毛上方的陽白穴
開始，向上延著頭部側
面往後刮至頭頸交接的
風池穴，以旋轉的方式
加重按壓風池穴，重複
30 次。

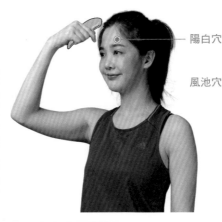

陽白穴

風池穴

02

再從太陽穴開始，先以旋轉的方式
加重按壓太陽穴，再沿著耳朵上方
外側，繞行耳朵向後，刮至乳突處，
在乳突下方的翼風穴加重按壓，重
複 30 次。

太陽穴
乳突穴
翼風穴

03

左側同樣重複以上動作。

/ 動作 ② /
膽經排濕操

01

採站姿，右手向左環抱左肋，左手臂向上圍繞頭部並觸摸到右側耳朵。

02

深呼吸，吐氣後將右腿緩緩向右抬起，與身體呈 45 度角，保持身體直立，伸展右側大腿外側，並感覺左側肋骨至腋下伸展，想像氣血由左肋下向上流動，經過腋下到頭部，維持 4 個呼吸。

03

緩緩將右腿放下踩穩，右手放下平貼右腿，將右腿向左交叉於左腳前方。
深呼吸，吐氣後將腰向右側彎，感覺左側髖關節伸展，維持4個呼吸。

★ 雙手雙腳回到標準站姿，換左手向右環抱右肋，重複1～3動作。

04

最後，雙手握拳敲打兩側大腿膽經經絡1分鐘。

05

一日重複以上循環3～5次。

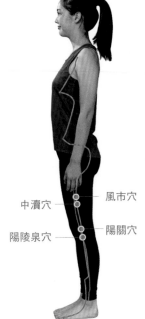

中瀆穴 —
— 風市穴
陽陵泉穴 —
— 陽關穴

Points

膽經位置
足少陽膽經起點為眼睛外角，大多在身體外側，頭部走完穴位之後，接著往下走，到肩膀處開始沿著身體側邊，經過腰部，走到大腿外側，最後到腳掌小趾。

調整結構體式訓練

側躺抬腿 1

01

採身體側躺,下方的腿彎曲九十度,上方的腿伸直與身體
成一直線,下方手伸直,手掌朝下放於頭部耳朵下方,上
方手放於胸前,手掌微貼地,確認下方手、頭、側邊肋骨、
側臀部、上方大小腿呈一直線,身體呈現平衡狀態。

02

將上方腳向上伸直抬起,想像腳部伸長並
往上延伸,保持骨盆平衡不搖晃,維持
10 ～ 15 秒,再將腿部慢慢放下。此動作
重複 15 次,再換邊做相同的動作。

03

一日重複 5 個循環。

側躺抬腿 2

01

身體側躺,兩腳
重疊彎曲,雙手
輕鬆置於胸前。

02

雙腳腳板內側貼緊,以膝蓋為
中心,像蛤蜊開殼一樣,慢慢
向外展開。維持動作 10 秒,
再慢慢收回,重複 10 次。

03

換另一側再做 1 次。

04

一日重複 5 個循環。

產後 8 ～ 10 個月：強化肝腎、促進代謝

金三角第 1 招

☕

強化肝腎

01 三子茶

材料 · 女貞子 4 錢、決明子 4 錢、枸杞子 3 錢。

做法 · **01** 將女貞子、決明子洗淨，置入鍋中，加入 1 千毫升的水煮滾。

02 再放入枸杞子以小火煮 20 分鐘，濾渣取汁飲用。

02 枸杞雙豆茶

材料 · 炒黑豆 100 克、紅豆 100 克、枸杞 3 錢。

做法 · **01** 炒黑豆：可用炒菜鍋加熱後，將乾黑豆放入鍋中，以中火乾炒至豆皮裂開，聞起來有豆香味，看起來有酥脆感，或將乾黑豆放入盤中，均勻攤開送進微波爐，中高火烘烤 7 ～ 8 分鐘即可。

02 炒黑豆和紅豆洗淨，置入鍋中，以 1500 毫升的水浸泡 30 分鐘。

03 將炒黑豆、紅豆與泡豆子的水一起煮滾後，上蓋以小火燜煮 15 ～ 20 分鐘。（儘量避免豆子煮太久釋出過多澱粉。）

04 關火，加入枸杞再燜 5 分鐘。濾除紅豆與黑豆後即為枸杞雙豆茶。

金三角第 2 招

通經絡活化術

01

坐姿，將吹風機打開最低熱度。

02

從左腳底的湧泉穴開始，一穴停留約 10 秒鐘，（吹風機離皮膚約 5cm，以皮膚感覺溫熱而不燙為原則）慢慢往上移動，太溪穴、人皇穴、地皇穴、天皇血、陰陵泉穴各停留10 秒鐘。

／ 動作 ① ／
腎經溫陽法

- 陰陵泉穴
- 天皇穴
- 人皇穴
- 三陰交穴
- 地皇穴
- 湧泉穴

03

最後，吹風機從湧泉穴開始，循著腎經向上慢慢移動，到兩大腿間停止，溫暖腿部腎經。

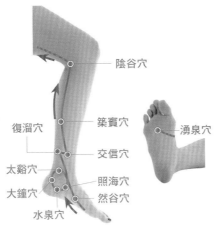

- 陰谷穴
- 築賓穴
- 復溜穴
- 交信穴
- 太谿穴
- 照海穴
- 大鐘穴
- 然谷穴
- 水泉穴
- 湧泉穴

Points

1. 右腳也重複上述動作一次。
2. 施作頻率：一日重複循環 3~4 次。

調整結構體式訓練

/ 動作 ① /

趴姿抬腿

01

採趴姿，雙手置於額頭下，雙膝向後上彎曲，腳踝向下鉤。

往上抬起

02

雙膝向外張開，兩隻腳腳跟相貼，需注意恥骨要往下貼緊地板，屁股不翹起。深吸氣，慢慢將大腿離開地板，朝天花板抬高，感覺大腿及臀部出力，將腳抬至最高，停留 4 個呼吸。

03

吐氣後，大腿慢慢回到地板回到嬰兒式做背部伸展休息。

Points

休息二個呼吸，再做一次，總共重複 10 次。

01

平躺，頭朝上，膝蓋彎曲，雙手交疊向上，指尖朝向天花板。

腹斜肌扭轉

02

收下巴，讓頭、頸、肩抬離地板，背部仍貼緊地板，保持核心肌群收縮，並用腹部力量，將指尖朝膝蓋方向伸展。

03

保持指尖朝膝關節處延伸，吐氣時，以腹斜肌的力量，帶動上半身右扭轉，此時，骨盆仍保持穩定。停留 4 個呼吸。

★ 另一邊也重複上述動作一次。

★ 施作頻率：一日重複循環 3～4 次。

Points

1. 若肌力不足，建議從小幅度的旋轉開始。
2. 此訓練是運用腹部核心肌群力量，要避免肩頸用力。

六大類食物代換份量表

❶ 全穀雜糧類 1 碗（碗為一般家用飯碗、重量為可食重量）

= 糙米飯 1 碗或雜糧飯 1 碗或米飯 1 碗

= 熟麵條 2 碗或小米稀飯 2 碗或燕麥粥 2 碗

= 米、大麥、小麥、蕎麥、燕麥、麥粉、麥片 80 公克

= 中型芋頭 4/5 個（220 公克）或小蕃薯 2 個（220 公克）

= 玉米 2 又 1/3 個（340 公克）或馬鈴薯 2 個（360 公克）

= 全麥饅頭 1 又 1/3 個（120 公克）或全麥土司 2 片（120 公克）

❷ 豆魚蛋肉類 1 份（重量為可食部分生重）

= 黃豆（20 公克）或毛豆（50 公克）或黑豆（25 公克）

= 無糖豆漿 1 杯 = 雞蛋 1 個

= 傳統豆腐 3 格（80 公克）或嫩豆腐半盒（140 公克）
  或小方豆干 1 又 1/4 片（40 公克）

= 魚（35 公克）或蝦仁（50 公克）

= 牡蠣（65 公克）或文蛤（160 公克）或白海參（100 公克）

= 去皮雞胸肉（30 公克）或鴨肉、豬小里肌肉、羊肉、牛腱（35 公克）

❸ 乳品類 1 杯（1 杯 =240 毫升全脂、脫脂或低脂奶 =1 份）

= 鮮奶、保久乳、優酪乳 1 杯（240 毫升）

= 全脂奶粉 4 湯匙（30 公克）

= 低脂奶粉 3 湯匙（25 公克）

= 脫脂奶粉 2.5 湯匙（20 公克）

= 乳酪（起司）2 片（45 公克）

= 優格 210 公克

六大類食物代換份量表

❹ 蔬菜類 1 份（1 份為可食部分生重約 100 克）

= 生菜沙拉（不含醬料）100 公克
= 煮熟後相當於直徑 15 公分盤 1 碟，或約半碗
= 收縮率較高的蔬菜如莧菜、地瓜葉等，煮熟後約占半碗
= 收縮率較低的蔬菜如芥蘭菜、青花菜等，煮熟後約占 2/3 碗

❺ 水果類 1 份（1 份為切塊水果約大半碗~1 碗）

= 可食重量估計約等於 100 公克（80~120 公克）
= 香蕉（大）半根 70 公克
= 榴槤 45 公克

❻ 油脂與堅果種子類 1 份（重量為可食重量）

= 芥花油、沙拉油等各種烹調用油 1 茶匙（5 公克）
= 杏仁果、核桃果（7 公克）或開心果、南瓜子、葵瓜子、黑（白）芝麻、
　腰果（10 公克）或各式花生仁（13 公克）或瓜子（15 公克）
= 沙拉醬 2 茶匙（10 公克）或蛋黃醬 1 茶匙（8 公克）

資料來源：國民健康署

給哺乳媽媽的一章

中醫談母乳

母乳，是造物主賜給媽媽與寶寶的神奇禮物。從寶寶出生 2 天後，乳房開始會分泌乳汁以供給寶寶營養，值得一提的是，乳汁中除了足夠的營養外，也含有許多提供給寶寶免疫力的免疫球蛋白及生長因子，讓剛出生、衛氣不足的寶寶能有好的防護力。所以，讓媽媽有足夠的、營養的乳汁提供給寶寶，是很重要的事。

乳汁要順利生成、分泌、排出，需要足夠的「原料」以及「能量」。「原料」包含蛋白質、碳水化合物、脂肪、礦物質、維生素、脂肪，而「能量」則幫助身體將這些原料化生成乳汁，並且確保排出的通道順暢，並提供發動「奶陣」的動力，媽媽才能順利哺餵。

在中醫理論中，生成乳汁所需的「原料」及「能量」，主要跟**肝、腎、脾、胃**這四個臟腑有關。

1. 肝藏血、肝經繞行乳頭

肝主藏血，肝經的循行會繞行乳頭，肝血可以藉經絡去供給乳房營養。

古書中云：「血者，……在婦人上為乳汁，下為血海。」也就是説，我們的氣血，在上可以提供乳汁營養，在下可以成為月經。肝經氣血通達，乳腺就能豐滿、乳汁分泌也會豐沛。

若因情緒、壓力、睡眠的問題造成肝氣鬱結，肝經絡氣血不順暢，就會影響到乳汁分泌，甚至容易塞奶。

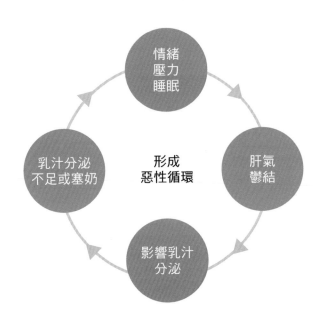

2. 腎精不足而乳汁不行

腎為先天之精，主生殖，腎精生髓以造血，造出的血又提供養分化為乳汁。體質上腎精氣不足，或是生產時過度勞損，都可能造成乳汁分泌不足的狀況。

3. 乳汁營養來源為脾胃氣血

乳汁的來源為我們身體的氣血，氣血又是由脾胃將食物消化、吸收而來的，脾胃的功能好，化生來源足夠，乳汁的量就會豐沛、富含的養分也會好。許多媽媽產後脾胃恢復不佳，胃口差、容易脹氣，或是因為剖腹產傷口使腸子蠕動功能差，影響脾胃氣血吸收，都會減少乳汁分泌。

「肝」、「腎」、「脾」、「胃」影響著我們乳汁的製造及分泌，乳汁要豐沛、要順暢、不塞奶，這幾個臟腑的氣血平衡非常重要。

有效促進泌乳這樣做

1. 產後「越早」開始移出乳汁，乳汁的產量越多

研究顯示，乳汁產量與「產後 48 小時內」的乳汁移出量息息相關。越早開始移出乳汁，乳汁的產量就越多，所以建議「產後當天」就可以讓寶寶開始吸吮媽媽的乳房，以促進泌乳，也讓寶寶熟悉媽媽的味道，吸乳過程能更順暢。

寶寶吸吮乳頭會使得催產素分泌，促使子宮收縮，也可以加速媽媽產後惡露排出。

如果沒有辦法親餵，也儘量在產後當天開始用手將乳汁擠出，之後乳汁產量才會增加得快。

2. 供需平衡！配合寶寶調整餵奶次數

寶寶吸吮乳房時，會有神經傳導至腦部下視丘，下視丘再進一步使腦下垂體釋放泌乳激素與催產素，促進乳汁製造及分泌。所以，每次寶寶吸吮時，乳房就會製造更多的乳汁，以供應寶寶所需。

那是不是親餵次數越多越好呢？其實不一定，「供需平衡」才是理想的。

打個比方，A 媽媽一開始的奶量比較少，每次哺乳寶寶喝到的奶量比較少，寶寶一定比較快就餓了想喝奶，所以在 A 媽媽，一日餵奶的次數會比較多；而每次寶寶吸吮乳頭，就會刺激乳汁分泌，所以在頻繁的刺激之下，乳汁分泌就會增加的比較快。

而 B 媽媽奶量比較多，每次哺乳寶寶喝的奶量比較多，每次餵寶寶奶的時間間距拉長，一日餵奶的次數會比較少。

不管是 A 媽媽或是 B 媽媽，最終都會達到供需平衡。所以，配合寶寶肚子餓的時間去調整餵奶次數就好，不需要追求特別頻繁的餵奶次數。

3. 與寶寶相處時間多越好

產後一個月內，媽媽的泌乳反射都是屬於非常敏感的時期，在這個時期，寶寶的哭聲、跟寶寶擁抱、聞到寶寶的味道、甚至看到或想到寶寶都有可能刺激我們的腦部，增加泌乳反射。

所以，坐月子時，在足夠的休息時間以外，儘量多跟寶寶相處，除了增加親子間的互動，也有助於提升奶量。

4. 補充「足夠」但「不過量」的水分

　　足夠的水分可以讓奶量充足，但如果飲水過量，反而會造成脾、腎負擔，影響媽媽身體健康，反而會降低奶量。

【哺乳媽媽的水分攝取量】

◆ 奶量還不穩定時，每日水份建議攝取量：體重 ✕ 35 ＋ 300 ～ 600ml
◆ 奶量穩定後，每日水份建議攝取量：體重 ✕ 35 ＋ 每日奶量

---

5. 適當搭配發奶食物

　　攝取足夠的營養外，適當搭配發奶食物也是泌乳很重要的一環。臨床上，每個媽媽的體質不同，所以並非每種發奶食物在每個人身上都有一樣的發奶效果。我曾經聽一個患者媽媽說，她每次喝到可樂就會發奶，所以一開始在追奶時，她每天要喝一罐可樂。（不過這樣的例子少之又少，還是建議哺乳媽媽少碰含糖飲料為佳）

　　建議媽媽在營養均衡的基礎上，可以「多樣攝取」發奶的食物跟食材，並記下哪種食材比較容易讓自己奶量增加，在追奶時，增加攝取會讓自己發奶的食材，並且也避免食用到退奶食材。

多元攝取發奶食材	小心退奶食材
• 魚湯：鯽魚、鱸魚 • 雞湯、滴雞精 • 海鮮：墨魚（章魚）、蛤蠣、牡蠣 • 豬腳 • 甜酒釀 • 花生、芝麻 • 黑麥汁 • 黃豆類：豆腐、豆漿 • 青木瓜 • 牛奶類	• 韭菜 • 寒性食材：竹筍、瓜類（苦瓜、西瓜、冬瓜）、青草茶、白蘿蔔、梨子 • 大麥芽（少量為通乳、大量為退奶） • 山楂 • 神麴 • 人參

小叮嚀／醫師

不小心吃到退奶食材怎麼辦？

　　有時候外食時，難免會不小心吃到退奶的食材，這時候很多媽媽都會很緊張，好不容易追起來的奶，會不會奶這樣就退光了？其實，大部份的退奶食材，都是要吃到「大量」且「連續食用」才會有退奶的狀況。只食用的少量，其實其實不必太過擔心。如果真的有發生奶量減少的狀況，可以參考下面的方法，大部份的媽媽奶量都可以很快回來的。

• 多多補充發奶食材
• 維持定期移出乳汁的習慣
• 服用適合自己體質的中藥發奶飲（可以諮詢您的中醫師）

6. 避免食用到塞奶食材

塞奶的食材大多與含「過量油脂」、「過度烹調」、「過度加工」、「燥熱」的食品有關，大部份也是對健康不好的食物，平時要避免食用。

塞奶食材	● 含過量油脂：過量起司、乳酪、奶油、肥肉 ● 燥熱食物：堅果、麻辣鍋、辣椒醬 ● 過度烹調：薯條、炸物 ● 過度加工：蛋糕、餅乾

7. 準備好以後，寬心再寬心，放鬆再放鬆

我常常跟媽媽説，哺乳就像是一場旅行，在旅行前我們要用心準備，但是在旅途中，身心要放鬆，才能收穫最多。

在懷孕後期，媽媽就可以開始多補充關於哺乳的知識，或參考別的媽媽的經驗，對於哺乳時可能遇到的問題有初步的了解，才不會在開始哺乳時因為知識不足、加上追奶、育兒的壓力造成身心緊繃，反而影響奶量。

臨床上我們碰到許多媽媽，因為產後荷爾蒙改變，加上哺乳追奶給自己的壓力太大，出現憂鬱、焦慮的症狀。

母乳對寶寶很好，但，「開心的媽媽」對寶寶更好，如果給自己過度的壓力，就失去了哺育的最初意義了，不是嗎？

**瘦孕
小教室**

Q 聽說人參會退奶，可是坐月子的藥膳裡有人參怎麼辦？
黨蔘、丹參、西洋參這些蔘類也會退奶嗎？

A：曾經聽說有媽媽因為想要退奶，去超市買了「ＸＸ養氣人
參飲」，每天喝一瓶，結果不但一點也沒有退奶，奶量還達到最高
點。根據研究，較容易造成退奶的參類為「紅參」，也就是所謂的「高
麗參」，而一般養氣人參飲中，使用的是「白參」以及「西洋參」，
自然不會有退奶的效果，反而還有可能因為補氣、補陰的關係，讓
奶量增加。

其他的參類，如黨蔘、丹參，雖然都有參字，但是跟五加科的
人參卻大不相同，其中黨蔘是屬於桔梗科，丹參是屬於唇形科，跟
人參的關係更遠了，不會有退奶效果，坐月子期間可以放心食用。

乳汁分泌不足的 3 種類型

很多媽媽都因為追奶追得辛苦，而嘗試許多不同的發奶的方式。其實，
乳汁分泌較少的成因有幾種，如果可以先了解自己屬於哪種類型，再對證
下藥，就可以少走很多冤枉路。

曾有位媽媽告訴我，她聽說「王不留行」這種藥材對乳汁分泌很有幫
助，到中藥店包了許多王不留行回家每天煮水喝，喝了好幾天，不但奶量

沒有增加，還越喝越沒有脹奶的感覺，趕快來診所求助。

　　這位媽媽在懷孕前就是我的患者，我也早已對她的體質很熟悉，是很典型的脾氣虛、氣血不足的體質，這種體質的媽媽，形成乳汁的「養分」、「來源」就已經不足了，而王不留行的功能是「行氣」、「通血脈」，如果乳汁化生量本來就不足，再怎麼用王不留行去「通」都是沒有用的，反而身體會越通越虛，乳汁越通越少。

　　乳汁分泌不足依成因、症狀可以分成三個類型，每個類型都有不同的症狀表現跟增加泌乳的方法，建議媽媽先去徵詢中醫師，對證下藥才有效。

1 分鐘檢測乳汁不足的類型		
A . 肝氣鬱結型	B. 脾胃氣血虛弱型	C. 腎精不足型
<ul><li>乳汁較濃稠</li><li>乳房容易脹、硬、痛，甚至發熱</li><li>容易急躁、生氣</li><li>睡眠不佳</li><li>壓力大</li></ul>	<ul><li>乳汁清稀、油脂較少</li><li>乳房較柔軟，常常沒有脹奶的感覺</li><li>腸胃吸收消化不好、容易脹氣</li><li>食慾較差</li><li>容易疲倦、頭暈</li><li>臉色偏黃偏暗</li></ul>	<ul><li>乳汁質量中等，但是擠出來的量較少</li><li>乳房天生尺寸較小</li><li>腰痠、腳無力</li><li>掉髮</li><li>怕冷</li></ul>

　　除了以上三種類型，在臨床上，也碰過許多媽媽是屬於「混合類型」的，或者會「證型轉變」：一開始是屬於脾胃氣血虛弱型，之後又變成肝

氣鬱結型。若不清楚自己是何種類型，建議先諮詢中醫師，再行適合自己的穴位按壓及泌乳飲補充，才能達到好的效果。

如果要退奶，必須循序漸進

不只一位媽媽在診間跟我訴苦，退奶後，胸部縮水得嚴重。有個媽媽告訴我，她孕前胸部尺寸是 D 罩杯，懷孕及哺乳時是 E 罩杯，然而，退奶後連 B 都不到，形狀也嚴重走山。

其實，如果退奶前準備得宜，是可以避免胸部尺寸變小，也可以預防下垂、外擴的發生。

我們身體的皮膚、筋膜、肌肉是很有彈性的，所以，懷孕及哺乳期間，有的媽媽乳房可以增加到三個罩杯之大，想想看，這裡面裝了多少餵養寶寶的乳汁及幫忙分泌的乳管呀？這個時候，我們乳房皮膚、筋膜的面積，是處於被撐大的狀態，結構也是疏鬆的。

此時，若在短時間讓乳房中的乳汁全部消退，沒有給乳房的皮膚、筋膜、肌肉、脂肪足夠的時間、能量做結構上的彈性調整，被撐大的乳房肌膚突然失去乳汁的支撐，自然變得鬆垮垮的。

- 重點 1：非親餵的媽媽：20-20 原則，減少「每次」擠奶量

　　——「每次」擠奶量減少 20c.c，兩天後再少 20c.c

　　若媽媽每次可以擠出 200c.c 的奶量，一天擠 5 次。那麼，一開始仍然維持一天擠 5 次，但是一次擠 180c.c，連續兩天。兩天後，再減少 20c.c，變成一次擠 160c.c。依序遞減。如果每次擠奶量少於 80c.c 時，媽媽則可以嘗試停止當次擠乳。

- 重點 2：全親餵的媽媽：減少餵奶次數

　　很多媽媽是全親餵，沒有辦法控制每次餵的奶量，建議可以採用減少餵奶次數的方式來斷奶。因寶寶吸吮乳房時，會刺激媽媽腦下垂體的泌乳激素和催產素反射，進而分泌乳汁，所以，如果寶寶吸吮次數減少，減少腦部泌乳激素和催產素的分泌，乳汁的分泌量自然就減少了。

　　若媽媽原本每天餵奶 5 次，在第一週，先將餵奶次數減成 4 次，第二週再將餵奶次數減成 3 次，依序遞減。

- 重點 3：不要過度要求自己與寶寶

　　在減少餵奶次數的過程中，若寶寶不適應，或是在過程中，乳房漲得很厲害，請給自己跟寶寶一些時間，適當延長退奶的時間。

- 重點 4：乳房太漲時，適度擠出一些乳汁

　　在退奶的過程中，也常常會遇到還沒有到擠奶時間，卻漲奶漲得很不舒服的時候，此時可以適當擠出一些乳汁，避免乳汁鬱塞而發生硬塊甚至乳腺炎。

輔助退奶的食療

- 乳房偏軟、乳腺暢通的媽媽

☕ 大麥芽山楂水

・材料・（一日份量）

炒大麥芽 4 兩、山楂 5 錢、神曲 4 錢

・煮法・

1. 炒大麥芽及山楂洗淨，炒大麥芽泡冷水 30 分鐘
2. 放入 1200ml 水中，大火煮沸後，小火燜煮 30 分鐘
3. 過濾後即可以飲用。

・飲用方式・

過濾後的麥芽山楂水為一日份量，一日分多次頻服。

視退奶狀況連喝 5 ～ 14 日。

- 乳房偏硬，較容易漲的媽媽

☕ **大麥芽枳殼水**

　· 材料 · （一日份量）

　炒大麥芽 4 兩、枳殼 4 錢、桔梗 3 錢、天花粉 4 錢、益母草 3 錢

　· 煮法及飲用方式如上 ·

- 很容易塞奶及乳腺炎的媽媽

☕ **大麥芽銀花水**

　· 材料 · （一日份量）

　炒大麥芽 4 兩、枳殼 4 錢、金銀花 2 錢、蒲公英 2 錢、赤芍 3 錢

　· 煮法及飲用方式如上 ·

 醫師小叮嚀

退奶可求助中醫

　　依照臨床經驗，就算採用循序漸進的退奶方式，還是有部分媽媽因為氣血消退過快而有胸部縮小或是下垂的狀況。所以如果有媽媽要退奶，我會在退奶前一個月開始幫媽媽做**穴位針灸**、**中藥調養**，以增加胸部的氣血循環及組織彈性，通常效果都很不錯。

　　此外，媽媽在退奶前，也可以開始做胸肌的運動，以加強胸部肌肉的緊實。

臨床上，有部份媽媽服了上述輔助退奶的藥飲，還是沒有辦法順利退奶。這種狀況，有可能是因為氣血較旺盛，也有可能是氣鬱血滯、或氣血過於虛弱，如果有難以退奶的狀況，請諮詢中醫師做藥物上的調整。

祝福妳這一段育兒旅程
甜蜜且收穫滿滿！

國家圖書館出版品預行編目資料

養胎瘦孕小 case / 蔡仁妤著 . -- 初版 . -- 新北市：幸福文化出版：遠足文化發行 , 2020.09

面； 公分

ISBN 978-957-8683-97-6(平裝)

1. 懷孕 2. 健康飲食 3. 婦女健康 4. 中醫

429.12　　　　　　　　　　　　　　109005778

好健康 037

養胎瘦孕小 Case

作　　者：蔡仁妤中醫師
責任編輯：林麗文
校　　對：羅煥耿
封面設計：BIANCO TSAI
內文設計：王氏研創藝術有限公司
內文排版：王氏研創藝術有限公司
印　　務：黃禮賢、李孟儒

出版總監：黃文慧
副 總 編：梁淑玲、林麗文
主　　編：蕭歆儀、黃佳燕、賴秉薇
行銷企劃：祝子慧、林彥伶、朱妍靜

社　　長：郭重興
發行人兼出版總監：曾大福
出　　版：幸福文化／遠足文化事業股份有限公司
地　　址：231 新北市新店區民權路 108-1 號 8 樓
網　　址：https://www.facebook.com/
　　　　　happinessbookrep/
電　　話：(02) 2218-1417
傳　　真：(02) 2218-8057

發　　行：遠足文化事業股份有限公司
地　　址：231 新北市新店區民權路 108-2 號 9 樓
電　　話：(02) 2218-1417
傳　　真：(02) 2218-1142
電　　郵：service@bookrep.com.tw
郵撥帳號：19504465
客服電話：0800-221-029
網　　址：www.bookrep.com.tw

法律顧問：華洋法律事務所 蘇文生律師
印　　刷：通南彩色印刷公司

初版一刷：西元 2020 年 9 月
定　　價：450 元

Printed in Taiwan
有著作權 侵犯必究